浙江省普通高校"十三五"新形态教材

"创新融合"高职高专酒店管理专业新形态系列教材

U0183209

咖啡文化

主 编 张 晶 唐为成

副主编 王 琪 石 磊 袁 欢

Coffee Culture

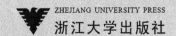

ZHEJIANG UNIVERSITY PRESS

浙江大学出版社

图书在版编目（CIP）数据

咖啡文化 / 张晶，唐为成主编. —杭州：浙江大
学出版社，2022.5（2025.1重印）
ISBN 978-7-308-22518-2

Ⅰ. ①咖… Ⅱ. ①张… ②唐… Ⅲ. ①咖啡—文化
Ⅳ. ①TS971.23

中国版本图书馆 CIP 数据核字（2022）第 061747 号

咖啡文化
KAFEI WENHUA

主　编　张　晶　唐为成

责任编辑	徐　霞（xuxia@zju.edu.cn）	
责任校对	王元新	
封面设计	春天书装	
出版发行	浙江大学出版社	
	（杭州市天目山路 148 号　邮政编码 310007）	
	（网址：http://www.zjupress.com）	
排　　版	杭州好友排版工作室	
印　　刷	浙江新华数码印务有限公司	
开　　本	787mm×1092mm　1/16	
印　　张	13.25	
字　　数	339 千	
版 印 次	2022 年 5 月第 1 版　2025 年 1 月第 3 次印刷	
书　　号	ISBN 978-7-308-22518-2	
定　　价	39.00 元	

浙江大学出版社市场运营中心联系方式：(0571) 88925591；http://zjdxcbs.tmall.com

前　言

说起编写本书的初衷，是源于一个教育者的使命初心。中国的咖啡产业正以数倍于世界咖啡产业平均增速的速度不断成长扩张，这不管对咖啡从业者还是对咖啡消费者来说，都是一个挑战。我们比任何时候都想走进咖啡的世界。

而咖啡的世界，是处于不断变化中的世界。无论咖啡的产区、环境还是技术等，都处在不断的演化之中，这就使得专业咖啡类图书往往刚出版面世就面临"过时"。本书在编写时，着重平衡咖啡的共通内容以便与不同的受众分享。本书以党的二十大精神和习近平新时代中国特色社会主义思想为指导，坚持以立德树人为根本任务，围绕拓宽国际视野、根植家国情怀的宗旨，客观地阐述咖啡的起源、传播和发展，对咖啡的生产过程——从种子到杯子逐一进行梳理，以期为每一位咖啡学子提供一个知识库。我希望大家和我一样，在学习中认识到本教材的价值，对于本书存在的不足之处，敬请批评指正。

本书由职业院校专业教师组成编写小组，力求从不同视角满足读者的需求。浙江旅游职业学院张晶和大连商业学校唐为成任主编，浙江旅游职业学院王琪、郑州旅游职业学院石磊和南京旅游职业学院袁欢任副主编。云南谙客咖啡有限公司运营总监陈俊珩、大连优你咖啡有限公司培训总监李鑫也为编写工作做出了贡献，在此一并表示感谢。正是由于大家的通力合作，本书才得以顺利出版。

本书在编写过程中，也得到了咖啡行业诸多朋友的协助，在此致谢！为了能让本书有更好的呈现，出版社进行了严谨细致的编辑工作，感谢徐霞编辑和浙江大学出版社。

同时，为了方便大家更好地使用本书，我建议各位扫描以下二维码或者登录以下网址以获取我们在智慧职教平台上的免费课程，那里有丰富的、动态立体的课程辅助资源。

课程地址：https://mooc.icve.com.cn/cms/courseDetails/index.htm? classId=cd476a6d5e43eb68e7c4473444a3f74a

（扫一扫加入课程）

编者

目　　录

第一章　咖啡常识 ··· 1

　　第一节　咖啡传说 ··· 1

　　第二节　咖啡的植物学常识 ··· 3

　　第三节　咖啡加工 ··· 9

　　第四节　咖啡储存 ·· 19

第二章　一颗咖啡豆的旅行 ·· 23

　　第一节　启蒙在阿拉伯世界 ·· 23

　　第二节　发展在欧洲 ·· 25

　　第三节　新世界咖啡力量 ·· 35

第三章　生豆评鉴 ·· 41

　　第一节　生豆品种 ·· 41

　　第二节　生豆等级 ·· 53

第四章　咖啡烘焙 ·· 63

　　第一节　烘豆机的热传导方式 ·· 63

　　第二节　烘焙过程 ·· 69

　　第三节　烘焙过程中的变化 ·· 73

　　第四节　咖啡烘焙程度 ·· 79

第五章　咖啡评鉴 ·· 83

　　第一节　味觉与嗅觉 ·· 83

　　第二节　评鉴要素 ·· 85

　　第三节　咖啡杯测 ·· 88

第六章　咖啡产地评鉴 ·· 92

　　第一节　非洲咖啡评鉴 ·· 92

　　第二节　美洲咖啡评鉴 ··· 102

　　第三节　亚洲及大洋洲咖啡评鉴 ····································· 120

第七章　咖啡萃取 ··· 131

　第一节　咖啡研磨 ··· 131

　第二节　金杯萃取 ··· 141

　第三节　意式咖啡萃取 ··· 147

　第四节　滤器萃取 ··· 153

　第五节　虹吸萃取 ··· 159

　第六节　熬煮萃取与低温萃取 ································· 163

第八章　花式咖啡制作 ··· 167

　第一节　花式咖啡制作基础知识 ····························· 167

　第二节　加牛奶类的花式咖啡 ································· 176

　第三节　其他花式咖啡 ··· 184

第九章　风潮——行业趋势及赛事介绍 ······················· 187

　第一节　三次咖啡浪潮 ··· 187

　第二节　咖啡赛事 ··· 194

参考文献 ··· 200

附录：咖啡记录表 ··· 201

第一章　咖啡常识

第一节　咖啡传说

关于咖啡(coffee)的词源一直以来有两种说法,流传最广的一种说法是因埃塞俄比亚西南部的咖法省(Kaffa)而得名。在咖法省,从山坡到峡谷到处都是郁郁苍苍的咖啡林,而且几乎每户人家的房前屋后都长着咖啡树。

还有一种说法,咖啡一词来自阿拉伯文咖瓦(Qahwa),咖瓦在阿拉伯文中是"美味的葡萄酒"的意思,后来逐渐被用来称呼咖啡。"Qahwa"一词随着咖啡传入了当时的奥斯曼帝国,也就是现在的土耳其,在土耳其语中这个发音变成了"Kahvé"。随后,咖啡通过土耳其传入欧洲。欧洲人按照自己的读音标准,改变了土耳其拉丁语的发音,法语称 café,意大利语称 caffè,英语的说法就是我们比较熟悉的 coffee。这种称呼在 18 世纪时定了下来,并流传至今。

这两种说法孰是孰非,目前学术界争论也很大,可谓见仁见智。

中国出现"咖啡"这样的词语组合,最早在清末民初。《康熙字典》中没有"咖"和"啡"单字,因为清初之前国人尚未接触到咖啡。在 1842 年的《海国图志》中,提到阿拉伯、土耳其、荷属东印度等地区产"加非"作物。1866 年的一本西餐烹饪书中称之为"嗑肥"。1895 年,康有为在上书光绪皇帝的第三份奏折中阐述以商富国的主张,提到"食物若咖啡、吕宋烟、夏湾拿烟、纸卷烟、鼻烟、洋酒、火腿、洋肉脯、洋饼、洋盐、洋糖、药水、丸粉、洋干果、洋水果",正式出现"咖啡"一词。1915 年出版的《中华大字典》将"咖啡"解释为:咖啡,西洋饮料,如我国之茶,英文 coffee。

一、牧羊童说

根据罗马一位语言学家安东尼奥·福士托·奈罗尼(Antonio Fausto Nairobi)的记载,大约公元 6 世纪时,阿拉伯牧羊人卡尔迪(Kaldi)某日赶羊到埃塞俄比亚草原放牧时,看到每只山羊都显得无比兴奋,雀跃不已,他觉得很奇怪。后来经过细心观察他发现,这些羊是吃了某种红色果实才会兴奋不已。卡尔迪好奇地尝了一些,发觉这些果实非常香甜美味,食后自己也觉得精神非常爽快,从此他就时常赶着羊群一同去吃这种美味的果实。后来,一位穆斯林经过这里,便顺手将这种不可思议的红色果实摘些带回家,深夜祷告时,瞌睡难安,便用红果子煮水喝,感觉提神醒脑,立刻精神百倍。于是他将红果子分给其他的教友们吃,其神奇效力也就因此流传开来。如图 1-1-1 所示,埃塞俄比亚的法定货币比尔的正反面似乎也在说山羊与咖啡的传奇故事。

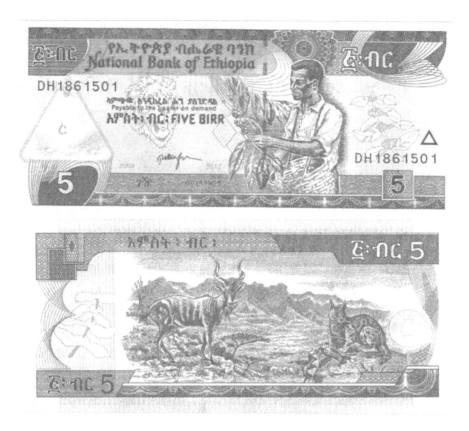

图 1-1-1　埃塞俄比亚法定货币比尔的正反面

二、谢赫·奥马尔说

公元 1258 年,也门摩卡市的创始人谢赫·奥马尔(Sheikh Omar)和他的支持者一起被敌人驱赶到沙漠中,他们以为自己会饿死。奥马尔偶然发现了一个灌木丛与一些奇怪的红浆果,看见树枝上的鸟儿在啄果树,发出一声声愉快的啼叫。他想:"无论如何,我会死,所以我不妨抓住机会,咀嚼这些果子。"虽然事实证明这种红浆果没有毒,但是他们吃完后非常痛苦,于是奥马尔试图通过烤这些果子让其变得更可口。奥马尔手下的人对他的烹饪技巧明显不以为然,因为烤完后虽然豆子不那么苦了,但是它们更加难咀嚼了。

"让我们煮煮看看。"一个聪明的小伙子说。

虽然烘烤后的豆子仍然不可食用,但在绝望中,他们喝了由此产生的棕色水。结果奥马尔和他那群不那么快乐的手下们突然觉得快乐起来了。

奥马尔收集了许多这种神奇的果子,当有人生病时,奥马尔把它们做成汤并让病人喝下去,结果恢复了病人的精神。很快,奥马尔得到了了宽恕并回到摩卡,同时他还因为发现了这种可饮用的果实而受到赞扬。据说这种神奇的治病良药,就是咖啡。

后来,也门的摩卡港也成了咖啡贸易的重要港口。

第二节　咖啡的植物学常识

一、咖啡原生种类

咖啡树是茜草科咖啡族的常绿小乔木。茜草科比较著名的植物有乌檀、栀子、钩藤、巴戟等,都是很有疗效的药材。咖啡族有 40 余种植物,目前,全世界品质最好的咖啡豆主要来自阿拉比卡种、罗布斯塔种及利比里亚种。

(一)阿拉比卡种

阿拉比卡种咖啡豆(Coffea Arabica,见图 1-2-1)的原产地是埃塞俄比亚的埃塞俄比亚高原,初期主要作为药物食用。13 世纪,人们逐渐培养出烘焙饮用的习惯。在 15 世纪以前,咖啡长期被阿拉伯世界所垄断,因此被欧洲人称为"阿拉伯咖啡"。16 世纪,咖啡经由阿拉伯地区传入欧洲,进而成为全世界人们共同喜爱的饮料。

图 1-2-1　阿拉比卡种咖啡豆

阿拉比卡种是目前最主要的咖啡品种,占世界咖啡总产量的 75％～80％。原来世界上的商品咖啡都是阿拉比卡种咖啡。阿拉比卡种咖啡的浆果呈椭圆形,一般内有两粒种子,即所谓的"咖啡豆"。最古老的阿拉比卡种原种有铁皮卡种(Typica)和波旁(Bourbon),波旁是铁皮卡种的变种,粒小浑圆,中央线呈 S 形,每两年收获一次,产量低而且对于干燥、霜害、病虫害等的抵抗力过低,特别不耐咖啡的天敌——叶锈病。19 世纪末,叶锈病的肆虐导致大量咖啡庄园倒闭,种植者不得不开始寻找其他抗病的品种。

阿拉比卡种经过反复的突变和配种,衍生出许多品种。现在,光阿拉比卡种的咖啡就有70 多种。目前比较常见的阿拉比卡种改良种咖啡有卡杜拉种(Caturra)、蒙多诺渥(Mundo Nove)、卡杜艾种(Catuai)、象豆(Maragogype)、肯特(Kent)、阿玛雷欧(Amarello)、卡蒂姆(Catimor)、变种哥伦比亚(Variedad Colombia)等。这些变种咖啡一方面大大提高了产量,另一方面对抗叶锈病等病虫害的能力得到了增强,而且大多数变种的咖啡豆的颗粒增大了许多。但味道品质的因素往往被忽视,未能完全取代阿拉比卡种原种咖啡的风味。

阿拉比卡种的主要产地为拉丁美洲、南美洲和肯尼亚、埃塞俄比亚等东非各国,也有部分在也门、印度、巴布新几内亚等亚洲各国和太平洋岛屿。世界上最大的咖啡产地——巴西的地理气候条件非常适合小粒咖啡的生长,种植的主要咖啡品种也是小粒咖啡,巴西的咖啡产量占世界总产量的 1/3 以上。

(二)罗布斯塔种

很多人都喜欢将罗布斯塔种咖啡豆(Coffea Robusta,见图 1-2-2)和阿拉比卡种咖啡豆相提并论,这是不正确的。事实上,罗布斯塔种是坎尼弗拉种(Coffea Canephora)的突变品种,和阿拉比卡种相提并论的应该是坎尼弗拉种。罗布斯塔种的原产地为非洲的刚果,其产量占全世界产量的 20%~30%。

罗布斯塔种咖啡树对环境的适应性极强,能够抵

图 1-2-2　罗布斯塔种咖啡豆

抗恶劣气候,抗拒病虫侵害,在整地、除草、剪枝时也不需要太多人工照顾,可以任其在野外生长,单位面积咖啡树的年产量较高,可利用机器大量采收,一般而言,生产成本低于阿拉比卡种咖啡,是一种容易栽培的咖啡树。但是其风味比阿拉比卡种来得苦涩,品质上也逊色许多,只要混合咖啡中含 2% 左右的罗布斯塔种,整杯咖啡就呈现罗布斯塔种味。因为罗布斯塔种咖啡萃取液中的咖啡因含量是阿拉比卡种的 2 倍,所以大多用来制造速溶咖啡。

罗布斯塔种的主要产地为东南亚的印度尼西亚、越南,以及非洲的刚果、科特迪瓦、阿尔及利亚、安哥拉等国。

(三)利比里亚种

产地为非洲的利比里亚种咖啡豆(Coffea Liberica,见图 1-2-3)的栽培历史比其他两种咖啡树要短,栽种的地方仅限于利比里亚、苏里南、圭亚那等少数地方,因此产量占全世界产量不到 5%。利比里亚种咖啡树适合种植于低海拔地区,所产的咖啡豆具有极浓的香味及苦味,一般北欧人比较喜欢这种咖啡。

二、咖啡的种植条件

图 1-2-3　利比里亚种咖啡豆

咖啡树适合生长在热带或亚热带,所以南、北纬 25℃ 之间的地带,一般被称为咖啡带或咖啡区。世界上 60 多个咖啡生产国,大部分位于这个区域内。不过,并非所有位于此区域内的土地,都能培育出优良的咖啡树。

(一)气候要求

阿拉比卡种咖啡树喜欢白天温和不酷热的气温,以及少于 2 小时的直接日照,适合种植在易生晨雾的地形,所以多栽种在海拔 1000~2000 米高地的陡峻斜坡上。为了避免强烈日

照,人们往往在咖啡园中夹种许多高一点的树来遮阴,如香蕉树、芒果树等。到了夜晚,阿拉比卡种咖啡树则希望有 10℃ 左右且又不低于 5℃ 的环境,因为过于温暖会使咖啡浆果发育得太快,结不出小而味浓的坚硬优质咖啡豆;万一冷到结霜的话,咖啡树又会被冻死。咖啡树最理想的种植条件为:15~25℃ 的温暖气候;年降雨量必须达 1500~2000 毫米,同时其降雨时间要能配合咖啡树的开花周期;此外,高湿度易于提升咖啡果肉的苹果酸浓度,所以高湿度产区的咖啡大多拥有浓重的水果味。

(二)土质要求

咖啡植株可全年生长发育,新梢生长量大,结果枝需年年更新。果实从开花到成熟需 8~12 个月,需要消耗大量养分,因此咖啡正常生长需要有充足的养分供应。咖啡必需的营养元素有 16 种,包括碳、氢、氧、氮、磷、钾、钙、镁、硫、铁、硼、锰、铜、锌、钼、氯。除了氢、氧由空气供给,其余元素均来自土壤。可见咖啡产量水平主要受土壤肥力状况的影响,尤其是土壤中有效养分的含量对咖啡产量的影响更为显著。

土质疏松、透水性好(如沙壤土、红壤土、砖红壤土或冲积土),少石块的土壤适宜种植咖啡。重沙土、重黏土及低洼易涝地不适合种植咖啡。富含腐殖质的土壤,特别是火山土能满足土质疏松、有机质丰富的需求。高品质咖啡的生长地带,如夏威夷(火山灰与腐殖土的混合土)、爪哇(火山灰与腐殖土的混合土)、埃塞俄比亚(火山岩风化土)、巴西(玄武岩风化的肥沃红土)等,都拥有水分充足的肥沃土壤。

土质对咖啡的风味有微妙影响。咖啡对土壤 pH 值要求为 6.0~6.5,呈微酸性。pH 值过高或过低,即偏碱或强酸,都会影响咖啡的生长。偏酸的土壤上出产的咖啡,酸味会比较强烈。富含硫黄和硫化物的土壤有助于芳香物质的形成,因而出产的咖啡具有浓烈的香味。富含钾元素的土壤上出产的咖啡比较香醇。因为火山灰与腐殖土的混合土壤富含各种有机质,因而出产的咖啡酸、香、甘、醇、苦等风味都比较均衡。

(三)地形与高度

一般认为高地出产的咖啡品质较佳。因为险峻陡坡的地形气温低且易起晨雾,能够缓和热带地区特有的强烈日照,让咖啡果实有时间充分发育成熟。这并不意味着低地就不能出产好咖啡,只要有合适的气温、降雨量和土壤,会起晨雾且日夜温差大,就能种植出高品质咖啡。牙买加岛的"蓝山"与"夏威夷科纳"等高等级咖啡就不是高地采收咖啡。可见海拔高度只能视为判断咖啡等级的参考标准之一,海拔高度虽然重要,但产地的地形与气候条件更重要。

罗布斯塔种咖啡栽种在海拔 1000 米以下的低地,与阿拉比卡种不同,它生长速度快又耐病虫害,在不肥沃的土壤上亦能栽种,只是味道与香气都远逊于阿拉比卡种咖啡。

三、咖啡的种植过程

咖啡树的第一次开花期在树龄三年左右,白色的五瓣筒状花朵,飘散着一股淡淡的茉莉花香,花序浓密而成串排列,如图 1-2-4 所示。

咖啡花的花瓣会在 2~3 日内凋谢,几个月后结出果实。果实为核果,直径约 1.5 厘米,最初呈绿色,后渐渐变黄,成熟后转为红色,和樱桃非常相似,因此称为咖啡樱桃(Coffee Cherry),此时即可采收,如图 1-2-5 所示。

图 1-2-4　咖啡花

图 1-2-5　咖啡樱桃

　　咖啡果实内含有两颗种子,也就是咖啡豆。这两颗豆子各以其平面的一边,面对面直立相连。每个咖啡豆都有一层薄薄的外膜,此膜被称为银皮,其外层又被披覆着一层黄色的外皮,称为内果皮(见图 1-2-6)。整个咖啡豆则被包藏在黏质性的浆状物中,形成软且带有甜味的咖啡果肉,最外层则为外壳。这种形态的咖啡豆被称为平豆(Flat Berry),如图 1-2-7 所示。

　　在极少数情形下,比如说咖啡在结成果实前受到昆虫损害、咖啡树本身受到久旱不雨或营养不均衡等因素的影响,或是生长在咖啡树末梢,咖啡果实内部的种子没有分裂,则会呈现完整椭圆形颗粒的一粒圆豆(Peaberry 或 Caracoli),如图 1-2-7 所示。一般而言,圆豆的产量是平豆的 1/50 左右。

　　成熟的咖啡果采摘之后,经过处理,去掉外果皮、果肉、内果皮、银皮,得到的就是咖啡生豆。

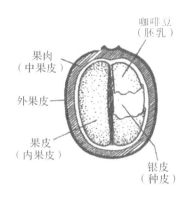

图 1-2-6　咖啡果纵切面

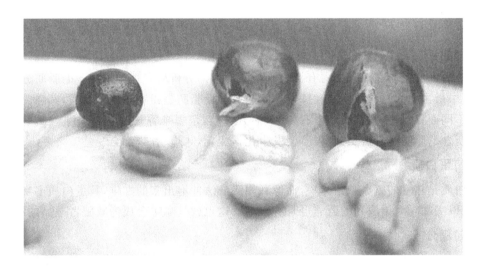

图 1-2-7　从左往右分别是圆豆、平豆和三瓣豆

四、咖啡的成分

（一）咖啡因

咖啡因是咖啡所有成分中最重要的成分之一,具有强烈的苦味,其性质和可可内含的可可碱、绿茶内含的茶碱相同,烘焙后咖啡因减少的百分比极微小。咖啡因的作用极为广泛,它可以加速人体的新陈代谢,使人保持头脑清醒和思维灵敏。咖啡这一"提神"功效特别受欢迎。有些人在晚间饮用了咖啡会失眠,也有些人饮用过多的咖啡,就会神经紧张、过度亢奋,但也有很多人不会受到丝毫影响。这与每个人对咖啡因的敏感程度不同有关。咖啡因的分子结构式如图 1-2-8 所示。

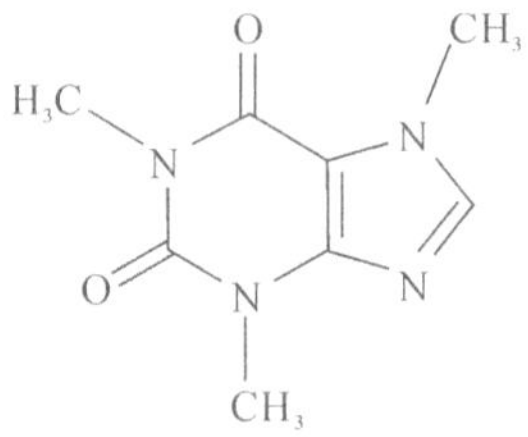

图 1-2-8 咖啡因的分子结构式

(二)单宁酸

单宁酸是咖啡豆的主要化学成分之一,约占咖啡生豆总成分的 7%。经提炼后单宁酸会变成淡黄色的粉末,很容易溶于水。咖啡煮沸后单宁酸会分解成焦梧酸,而焦梧酸易在冷却过程中使咖啡口味变酸并产生苦湿感。如果冲泡好又放上好几个小时,咖啡液的颜色会变得比刚泡好时更浓,口感也会变得更苦涩,所以才会有"冲泡好最好尽快喝完"的说法。

(三)脂肪

咖啡内含的脂肪在风味上占有极为重要的地位。分析后发现咖啡内含的脂肪分为好多种,而其中最主要的是酸性脂肪和挥发性脂肪。酸性脂肪是指脂肪中含有酸,其强弱会因咖啡种类不同而异;挥发性脂肪中含有 40 多种芳香烃,是咖啡香气的主要来源。烘焙过的咖啡豆内所含的脂肪一旦接触到空气,会发生化学变化,味道、香味都会变差。

(四)蛋白质

蛋白质是热量的三大来源之一,而像利用滴滤法冲泡出来的咖啡,其蛋白质多半不会溶出来,所以喝咖啡时摄取到的营养也是有限的。这也就是咖啡会成为减肥者圣品的缘故。

(五)糖分

在不加糖的情况下喝咖啡,除了会感受到咖啡因的苦味、单宁酸的酸味之外,还会感受到甜味,这便是咖啡本身所含的糖分所造成的。咖啡豆经烘焙后,糖分大部分会转为焦糖,为咖啡带来独特的褐色。

(六)矿物质

咖啡中的矿物质有钙、铁、硫、磷、氯、硅等,因所占的比例极少,故对咖啡风味的影响并不大,只带来了少许的涩味。

(七)纤维

咖啡生豆中的纤维烘焙后会碳化,这种碳化和糖分的焦糖化互相结合,形成了咖啡的色调。由于化为粉末的纤维质会对咖啡的风味造成相当程度的影响,故并不鼓励购买粉状咖啡豆,因为这就无法尝到咖啡的风味。如图 1-2-9 所示,不管是咖啡生豆还是咖啡熟豆,纤维都是重要组成部分。

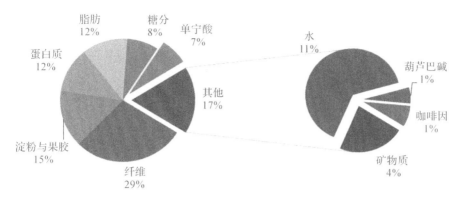

(a) 咖啡生豆成分

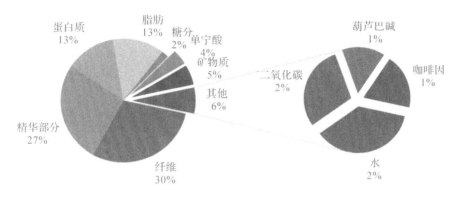

(b) 咖啡熟豆成分

图 1-2-9　咖啡生豆和咖啡熟豆的成分构成

第三节　咖啡加工

一、咖啡豆的采摘

一般来说,咖啡可以连续采收 12～15 年。咖啡的采收期以及采收方式因地而异,一般来说大致是一年 1～2 次(有时也能达 3～4 次)。采收期多在旱季。举例来说,巴西在 6 月左右开始采收咖啡豆,由东北部的巴伊亚州(Bahia)开始依序南下,到 10 月左右南部的巴拉那州(Parana)采收结束。中美洲各国的采收期则是 9 月左右至次年 1 月,由低地往高地采收。而在哥伦比亚,则任何时间都能采收咖啡。

咖啡豆的采收方式大抵分为三类:一是手摘法;二是摇落法;三是机器采摘法。

(一)手摘法

除了巴西与埃塞俄比亚外,多数种植阿拉比卡种咖啡的国家采用手摘法进行采收。手摘法包括选摘法和撸枝法。选摘法是只选择将成熟、鲜红的咖啡果摘下(见图 1-3-1);撸枝法则将成熟的红色咖啡果连同未成熟的青色咖啡果与树枝一起摘下(见图 1-3-2)。这些未

成熟的豆子常会混入处理后的咖啡豆中,特别是采用自然日晒法处理时,如果这些豆子也一起混入烘焙,会产生令人作呕的臭味。

图 1-3-1　选摘法

图片来源:https://www.gcrmag.com/fairtrade-reveals-first-living-income-reference-prices-for-colombian-coffee/.

图 1-3-2　撸枝法

图片来源:https://cdn.vietreader.com/uploads/posts/2020-12/life _ coffee-harvesting-season-of-kon-tum-vietnam-central-highlands-2.jpg.

(二)摇落法

摇落法是指用棍子击打成熟的果实或者摇晃咖啡树枝,让果实掉落并汇集成堆的一种采收方法。规模较大的庄园会采用大型采收机(下一部分将详细说明),而中小型的农庄就会以全家动员的人海战术进行采收。这种将果实摇落地面的方法,比手摘法更容易混入杂质与瑕疵豆,有些产地的豆子还会沾上奇特的异味,或者因为地面潮湿而让豆子发酵。巴西与埃塞俄比亚等罗布斯塔种咖啡豆的生产国多以此种方式进行采收。

(三)机器采摘法

如图 1-3-3 所示,机器采摘法实际上是摇落法的工业化升级模式。机器通过采摘杆产生的巨大振荡力,一次性可以采收多棵咖啡树上的咖啡果实。因为很多咖啡树生长在高海拔的山坡上,并不适合大型机器工作,所以机器采摘法更多出现在地势平坦的咖啡种植区,如巴西的某些产地,以及低海拔的罗布斯塔种咖啡豆生产地区。机器采摘法要求对咖啡树进行修剪,且提高种植密度,以利于提升采摘效率。其缺点是会混入不成熟的果实以及枝叶等,如图 1-3-4 所示。

图 1-3-3　巴西庄园的咖啡采摘机

图 1-3-4　机器采摘会带下许多枝叶

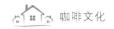

二、咖啡豆的加工处理

从咖啡果实中取出咖啡生豆,这个过程称为咖啡处理方式(Processing Method),主要的处理方式有水洗式、半水洗式、日晒式、苏门答腊式等,如图 1-3-5 所示。依据每个咖啡产地的栽培环境来选择处理方式,且不同处理方式在最终咖啡豆完成时会使其形成不同的特色风味。因此,近年来为了提升咖啡的附加价值,有些地区放弃传统做法,改而研发新的处理方式。只要处理方式一改变,就会深深影响咖啡香气,所以在咖啡豆烘焙前先了解该款咖啡豆的处理方式是不可或缺的。

图 1-3-5　不同处理方式下的咖啡生豆(由左到右依次是日晒式、混合式和水洗式)

(一)传统处理方式

咖啡在不同国家及不同地区的采收时间各不相同。采收过程需要大量的人力,特别是高质量特选的咖啡,只能采摘完全成熟的红色咖啡樱桃。因为所有的咖啡樱桃不是在同一时间成熟的,所以需要多次回到同一棵树上去采摘。一般而言,咖啡豆的加工可分为三种方式:水洗式、日晒式和混合式。

1. 水洗式(Wet Method)

先将咖啡樱桃外层的果肉除去,然后浸泡在一个盛满水的大水槽内,如图 1-3-6 所示。经过发酵处理之后,水洗式咖啡会有一种特有的鲜明清澈的风味。发酵过后的咖啡豆再以清水洗净,排出水分后再放在阳光下晒干或是用机器干燥之。最后用脱壳机将内果皮和银皮除去,即可进行筛选并分成不同等级的咖啡生豆。

水洗式处理得到的咖啡的一般特性:会有比较鲜明的酸度和一致的风味,干净、明亮、酸甜、中等醇厚度;倾向于苹果、柠檬与莓果酸质,倾向于牛奶与甜巧克力、焦糖、坚果风味。水

图 1-3-6 水洗式

洗式处理法常见于中美洲、南美洲、非洲与小部分印度尼西亚等咖啡产地。

另外,水洗式处理法极其浪费水,所以通常只有水资源丰富的产地才会选择这种处理方式。

2. 日晒式(Dry or Unwashed Method)

其处理方法是将咖啡樱桃广布在暴晒场上两个星期,每天用耙扫过几次,使咖啡豆可以干得比较均匀,如图 1-3-7 所示。当晒干之后,咖啡豆会与外皮分开,以脱壳机将干掉了的果肉、内果皮去除,然后经过筛选并分成不同的等级。

日晒式处理得到的咖啡的一般特性:会有明显的水果、香料与巧克力调性,倾向于莓果、樱桃、热带水果等风味。若处理不当,则会给人脏、酸质沉闷的感受。日晒式处理法常见于埃塞俄比亚、也门、巴西等咖啡产地。

水洗式或日晒式都能生产出优质的咖啡。哥伦比亚、肯尼亚、哥斯达黎加、危地马拉、墨西哥等地大多采用水洗式处理法。巴西、埃塞俄比亚和印度尼西亚等地的咖啡大部分采用日晒式处理法,也生产一些水洗式的咖啡。咖啡豆的筛选和评级主要是根据豆子的颗粒大小,另外也取决于 1 磅(1 磅≈453.6 克)咖啡豆中有多少瑕疵豆。

3. 混合方式

混合式处理方法包括苏门答腊式、巴西去果皮日晒式和中美洲蜜处理式。

(1)苏门答腊式处理(Traditional Sumatran Process)

苏门答腊式处理也称湿刨法(Wet Hulling)、半水洗式(Semi-washed)、半日晒式(Semi-dried)等。其主要特色是在干燥前有个名为"预备干燥"的步骤。采收→去除果皮→在内果

图 1-3-7   日晒式得到的咖啡豆

皮上附有黏滑的黏着物(果胶层)的状态下，直接浸泡于发酵槽中→发酵后，用果胶去除机除去黏着物→让内果皮干燥 2～3 天(预备干燥)→去除内果皮→将生豆干燥至含水量17%～20%(主要干燥)。经湿刨法处理后的咖啡豆如图 1-3-8 所示。

图 1-3-8   湿刨法得到的咖啡豆

在有较长雨季的印度尼西亚，为了缩短干燥时间，咖啡农通常采用可缩短自然日晒干燥时间的"预备干燥"，近几年"预备干燥"环节也可通过机器进行干燥。使用此处理方式会产出具有平稳的酸度、独特的香气与余韵,且带有浓郁风味的咖啡豆。

(2)巴西去果皮日晒式(Pulp Natural)

巴西去果皮日晒式也称羊皮纸日晒式,是将摘下的咖啡果实放入大量的水中,用筛选机将成熟果实筛选出来后利用果肉去除机去除成熟豆的外皮(去除果皮,Pulping),让含有甜味的果肉残留在内果皮上,干燥到水分含量10%左右,去掉内果皮,即可准备出口、售卖。相较于传统日晒式,用该处理方法得到的咖啡豆具有较为纯净的风味,如图1-3-9所示。2000年以后,巴西大多数产地采用了这种处理方式,故得名巴西式。

图 1-3-9　巴西去果皮日晒式得到的咖啡豆

(3)中美洲蜜处理式(Honey Process)

这种混合处理方式是近20年流行起来的,最早流行于哥斯达黎加与萨尔瓦多,巴拿马、尼加拉瓜地区亦开始使用后,改称为蜜处理法。该方式通过机器脱掉果皮、果肉与果胶(注意,此法是通过机器脱掉胶质的而非水洗式处理掉的,通常采用的是发酵法脱胶质)。由于内果皮上有残留的胶质果肉,咖啡豆干燥后呈琥珀色(似蜂蜜),故而得名蜜处理法(见图1-3-10)。在哥斯达黎加,依据果胶发酵程度,蜜处理法分为黑蜜处理法、红蜜处理法、黄蜜处理法和白蜜处理法。

混合式处理方法对小农户来讲经济有效,使得处理咖啡更加便捷与省时,确保了资金回笼速度。处理得当的话,咖啡将会呈现出很有意思的风味谱;处理不当的话,则可能导致过度风味与低品质咖啡。

混合式处理方法得到的咖啡的一般特性:苏门答腊式带来低酸与沉闷感、高醇厚度、香料风味和清晰度低的咖啡;巴西去果皮日晒式与蜜处理法通常表现得更为酸甜,风味更倾向于甜蜜水果与坚果、巧克力。

图 1-3-10　蜜处理法得到的咖啡豆

(二)其他处理方式

1. 慢速干燥处理

这是将成熟咖啡果实放置于温室下干燥的处理方式,如图 1-3-11 所示。由于温室下湿度较高,可使其缓慢干燥(约 10 天)。因此耗费时间在干燥上可产生特殊香气,并且不用担心突然下雨。尼加拉瓜等地区的部分农庄采用的就是此方式。

图 1-3-11　慢速干燥处理

2．Double Pass

从 2003—2004 年起,大洋洲的一家名为 Mountain Top 的农庄采用了一种新的处理方式,即先不采收成熟的咖啡果实而是选择继续放置,待果实由紫色转变成黑色,并放到像葡萄干那般状态时再采收,这样的方式称为"Double Pass"。将如葡萄干般的咖啡果实浸泡于水中约 1 小时,接着把浸泡过的果肉去除后,放置干燥。由于让果实过熟可以增加果肉甜度约三成,所以借此处理过程能再增添咖啡的特色风味与甜味,于是巴西、哥斯达黎加等地区纷纷出现采用此法的农庄。

3．厌氧发酵处理法

厌氧发酵处理法最早诞生于在咖啡处理法上极具想象力的哥斯达黎加,是由咖啡农 Luis Eduardo Campos 在著名的咖啡公司"Café de Altura"任职时发明的,几年后经由世界咖啡师大赛冠军 Sasa Sestic 发扬光大。

咖啡豆的厌氧发酵处理法,其实是参考了葡萄酒的酿造技术。例如上面说到的 Sasa Sestic,就受到博若莱新酒酿造工艺的启发,向不锈钢发酵桶中加入二氧化碳,挤压出空气,让咖啡豆置于无氧环境中发酵,减缓咖啡豆果胶中的糖分分解速度和 pH 值的下降速度,从而获得更高的甜度和更特别的风味。这就是广为人知的厌氧发酵方式——"二氧化碳浸渍法"(Carbonic Maceration),也被人称为"红酒处理法"。

发酵时间长短不同,会导致不同的风味。其中,温度又对发酵时间和发酵程度有着直接的影响,如图 1-3-12 所示。厌氧发酵控制的温度宜低于 10℃,在密闭且干净的不锈钢发酵容器中,咖啡豆在无氧状态下发酵三天,再放到棚架上做日晒式处理。

图 1-3-12　厌氧发酵处理过程中,温度很重要

在厌氧环境下,果胶糖分的分解速度得到缓解,酸碱度 pH 值也以更缓慢的速度下降,

延长了发酵时间,借此发展出更佳的甜味,以及更平衡的风味。

酒香处理法参考了葡萄酒处理的发酵过程,将咖啡果置于密封容器里进行厌氧发酵,对发酵过程中的 pH 值、参与发酵的细菌种类和数量等因素进行有目的的控制,以造就杯中的风味。与上文的红酒处理法不同的是,酒香处理法通常不会有意识添加其他气体来隔绝氧气,但会使用装盛过红酒的橡木桶作为发酵容器来增添风味,如图 1-3-13 所示。

图 1-3-13　酒香处理法

除了这些处理方式以外,还有一些另类的咖啡处理方式,比如体内发酵处理。体内发酵处理以苏门答腊的猫屎咖啡最为典型。猫屎咖啡也称为麝香猫咖啡(Kopi Luwak)。Kopi 为印尼语,意为咖啡,Luwak 是指一种俗称"麝香猫"的树栖野生动物。麝香猫主要以成熟的咖啡果实为食,咖啡果实在麝香猫胃里完成发酵后,蛋白质遭到破坏,产生短肽和更多的自由氨基酸,咖啡的苦涩味会降低。由于咖啡豆不能被麝香猫消化,会被排泄出来,排出来的粪便就是主要原料,经过清洗、烘焙后就成了猫屎咖啡,如图 1-3-14 所示。这种处理方式不仅局限于麝香猫,印度的猕猴咖啡、斯里兰卡的象粪咖啡和巴西的凤冠雉咖啡等都是通过体内发酵处理得到的。

(三)低因咖啡

不管是罗布斯塔种咖啡豆还是阿拉比卡种咖啡豆,生豆中都含有 1%～4.5% 的咖啡因。这是生物的自我防御手段,咖啡果通过分泌咖啡因来抵御动物侵袭,所以生长在低海拔的罗布斯塔种咖啡豆的咖啡因含量较生长在高海拔的阿拉比卡种咖啡豆更高。由于有一部分人对咖啡因不耐受,于是产生了对脱咖啡因咖啡的需求。目前,世界上约 12% 的咖啡是脱因咖啡。事实上,在咖啡的烘焙过程中,咖啡因含量变化不大。要想获得低因咖啡,目前的处理方式大致有三种——化学溶剂脱咖啡因法、二氧化碳脱咖啡因法和瑞士水洗式处

图 1-3-14 麝香猫咖啡

理法。

化学溶剂脱咖啡因法是使用氯乙烯(二氯甲烷)或者乙酸乙酯去除咖啡中的咖啡因颗粒。但由于食品安全问题,目前已经禁止使用这个方式。

二氧化碳脱咖啡因法不使用化学溶剂,而是利用液化的二氧化碳萃取并去除咖啡因。由于需要购置能让二氧化碳在液体与气体之间不停转换的机器,所以一开始就有设备投资的费用。

最安全的低因处理方式还是瑞士水洗式处理法,就是利用水与活性炭层萃取并去除咖啡因。由于此法是在瑞士发明的,所以称为瑞士水洗式处理法。这个处理法拥有专利技术,相对便宜且能安全生产低因咖啡产品。

第四节 咖啡储存

一、咖啡生豆的保存

咖啡生豆的保存主要受到咖啡生豆的含水量、储藏环境的温度和相对湿度这三方面的影响。

咖啡豆含水量为 $10\%\sim11\%$ 时最佳。不同处理方式下的咖啡豆的含水量不同,一般水洗式处理方法得到的咖啡豆含水量较高,日晒式处理方法得到的咖啡豆含水量较低;不同时期的咖啡豆的含水量也不同,一般新豆含水量较高,陈豆含水量较低。

咖啡生豆比较好的储存环境是:干爽、不冷不热,同时应避免阳光直射。咖啡生豆是农作物,也需要进行呼吸作用,因此储存时最好采用干净、无气味且透气的材质,这也是全世界

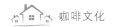 咖啡文化

咖啡生豆产区皆使用麻布袋、草编袋甚至天然橡木桶的原因。

在咖啡生豆运输过程中,当产地和目的地的温度和湿度差距较大的时候,容易在箱子内凝结水珠,装咖啡生豆的麻布袋也因此会变得潮湿,使得咖啡生豆发霉并产生赭曲霉毒素 A (OTA),这种毒素会引起肝脏和肾脏损伤。

虽然咖啡生豆大多采用麻布袋装,但若遇到不理想的储存环境,如高温、光线照射、防潮箱太干燥等,生豆也会快速老化。鉴于此,多数情况下可以使用密封塑胶袋储藏咖啡生豆,如图 1-4-1、图 1-4-2 所示。

图 1-4-1 上海某咖啡生豆贸易公司的仓库(包装大多是麻袋内衬塑胶袋)

图 1-4-2 塑胶袋存储咖啡生豆

使用塑胶袋储藏咖啡生豆时,需要注意以下两点。

第一,塑胶袋宜储存较少量的新鲜生豆。对含水量高的新鲜水洗豆而言,2 磅以上咖啡生豆放在密封透明塑胶袋内,若环境温度稍高或受阳光直射,则可能因为水汽受到阻挡在袋内无法排出,造成生豆变质甚至部分发霉。新豆、水洗豆大量储存时,仍以布袋为宜。陈年豆则较无妨。

第二，注意塑胶袋本身是否带有气味。可以在使用前先张开塑胶袋口，放置十分钟使塑胶气味散去。

二、咖啡熟豆和咖啡粉的保存

我们应当知道什么是咖啡熟豆和咖啡粉保存过程中的大敌，在影响咖啡质量的诸多元素中从重到轻排列如下：潮湿、空气、高温、阳光。咖啡熟豆和咖啡粉受潮后变得更加苦，没有香气，口感单一；高温会使咖啡出油；阳光直射会使咖啡香气散失。咖啡豆在烘焙过后会产生出相当于自身体积 6 倍的二氧化碳气体，因此，咖啡的包装除了避免与空气接触被氧化外，还有需处理咖啡熟豆产生的二氧化碳气体。咖啡熟豆比咖啡粉耐保存，所以在磨咖啡的时候我们要保持"现做现磨"的原则。

那么，咖啡熟豆和咖啡粉适合保存在哪里呢？

（一）含气包装

含气包装是最普通的包装方式，可用罐、纸袋或塑料容器等来包装咖啡熟豆和咖啡粉，再加盖或加封包装，如图 1-4-3 所示。含气包装密封性差，且因每时每刻与空气接触，需尽快饮用，饮用时间为一周左右。

（二）真空包装

常见的真空包装容器为罐、铝箔袋、胶袋等，在填充咖啡熟豆或咖啡粉后，将容器内的空气抽出，如图 1-4-4 所示。虽名为真空，事实上无法去除 100% 的空气，且咖啡粉末比咖啡熟豆的表面积大，即使是剩余的一点空气，也很容易与粉末接触进而影响风味。

图 1-4-3　1930 年的 Old Judge 咖啡罐　　　图 1-4-4　真空包装的咖啡熟豆和咖啡粉末

（三）充气包装

充气包装是指在填充咖啡熟豆或咖啡粉后，灌入惰性气体（如氮气等），把容器内的氧气和二氧化碳等挤压出去。此法较为普及，相对成本较高，如图 1-4-5 所示。

(四)吸氧剂包装

将由脱氧剂、脱碳剂所制成的吸着剂(见图 1-4-6)放入包装袋中,包装袋内的空气可轻易地被吸收,由咖啡所产生的二氧化碳气体亦能被吸收,缺点是咖啡的香气也会被吸走。

图 1-4-5　充气包装

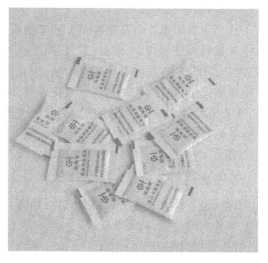

图 1-4-6　用于包装袋中的吸着剂

第二章 一颗咖啡豆的旅行

第一节 启蒙在阿拉伯世界

一、阿拉伯半岛发端

咖啡从阿拉伯半岛通过旅行者传播到了中东,在奥斯曼帝国大军占领阿拉伯、征服埃及之后,喝咖啡的习惯传遍了整个奥斯曼帝国。不仅如此,奥斯曼帝国还有计划地发展咖啡栽培业,垄断了此后一两百年的咖啡豆市场。

奥斯曼帝国起初对咖啡种子和树苗严禁出口,据说只允许炒过的豆子运送出境。有文献记载的咖啡豆贸易是1596年荷兰人德列库斯将咖啡豆运往北欧,但是世界公认的最早的咖啡贸易商,还是会做生意的威尼斯商人。威尼斯商人取得了咖啡的专卖权,从阿拉伯进口摩卡地区生产的咖啡豆,将其运往威尼斯。

随着欧洲人对咖啡的好奇心越来越重,上流社会越来越流行饮用咖啡,欧洲许多海港与阿拉伯建立起了贸易通道。有资料统计,1660年,大约有19000吨咖啡豆由摩卡港运往马赛,然后销往法国、意大利、瑞士、英国以及北欧等地。1777年的统计则是全欧洲的咖啡年消费量达到了约65000吨的惊人数字。当时的商人预测,18世纪全球潜在的咖啡市场将占全球总人口的1/3。

阿拉伯人喝咖啡的偏好并不一致。早期,也门人对质地坚硬的咖啡豆并不感兴趣,喜欢的反而是咖啡的果肉部分。他们将咖啡果肉与姜、豆蔻、肉桂等香料一起熬煮,并称之为咖许(Qishr),据称咖许有清热解毒的功能,而咖啡豆却被他们丢弃了。1536年,奥斯曼帝国大军攻占也门后,发现也门人这样使用咖啡的方法太浪费,便将也门人弃用的咖啡豆收集起来使用和贩卖。在麦加,人们聚集在一个名叫Kaveh Kanes的地方下棋、闲聊、唱歌、围着圈圈跳舞、喝咖啡,这应该是最早的咖啡馆。1511年,麦加总督发现这些小咖啡馆里传出了很多讽刺他的诗句,于是关闭了所有的咖啡馆。1554年,在不远的伊斯坦布尔诞生了文献正式记载的第一家咖啡馆——Mektebiirfan,意思就是"文人的学校",因为人们在这些地方讨论消息,交换情报。至此,咖啡文化传入了土耳其。

二、阿拉伯世界咖啡文化的最后衣钵

土耳其虽然地处欧洲,但作为奥斯曼帝国的直接继承者,土耳其的咖啡,是阿拉伯世界咖啡的最后星火,也是欧洲咖啡的始祖,诞生至今已有七八百年历史。据说在土耳其,为客

人煮一杯传统的土耳其咖啡是无比隆重的事情,有的甚至还要提前沐浴、吃斋,如图 2-1-1 所示。

图 2-1-1　土耳其咖啡馆

图片来源:https://images.saymedia-content.com/.image/t_share/MTc0NjE3NzU2NDM5MDk1Mjg2/wheres-my-coffee-a-history-of-our-favorite-brew.jpg.

在土耳其,请别人到家里喝咖啡,代表了主人最诚挚的敬意。因此客人除了要称赞咖啡的香醇外,还要切记即使喝得满嘴渣,也不能喝水,因为那暗示了咖啡不好喝。土耳其人喝咖啡,喝得慢条斯理,他们甚至还有一套讲究的"咖啡道",就如同中国茶道一样。喝咖啡时不但要焚香,还要撒香料、闻香,琳琅满目的咖啡壶具,更充满着天方夜谭式的风情。一杯加了丁香、豆蔻、肉桂的土耳其咖啡,热饮时满室飘香,难怪阿拉伯人称赞它如"麝香一般摄人心魄"。

土耳其咖啡是一种采用原始煮法的咖啡,有许多土耳其人,尤其是女性,喜欢用土耳其咖啡残留的咖啡渣痕,来占卜推算当日运势。土耳其咖啡的喝法是很原始的,当地人喝土耳其咖啡是不加糖的。喝下去的第一感觉是黏稠,有糖浆一样的感觉。其次是苦,那种苦能让人记住很久。喝到一半的时候,就会感觉到渣,但是一定不要停下,连渣一起喝下才真正算得上是喝土耳其咖啡。喝下渣子的感觉是让人难忘的,既不苦,也不涩,有一种说不出来的体验,只有自己品尝后才能完全理解。

据说,古代土耳其男方登门提亲,女方一定会考考男方煮咖啡的技术,如果煮不出泡沫,这表示能力不够,是很丢人的。女方还会用咖啡来表达自己对相亲对象的看法,如果她对男方很满意,就会在咖啡里加糖,咖啡越甜表示她越满意;要是没加糖的话,也就是没看上;最糟糕的情况是往咖啡里加盐，表明女子死也不嫁的决心。

英国王储查尔斯 2004 年 10 月 26 日对土耳其东部的马尔丁进行了访问，在休息的时候，一位年轻美貌的当地女子给查尔斯端上了当地的传统咖啡。查尔斯刚尝了一口，就听陪同的马尔丁省长提醒说，按照当地的习俗规定，如果男子将咖啡喝完，并将空杯子放回女孩子手上的托盘，就表明他愿意娶她为妻。听到这里，查尔斯吓了一身冷汗，镇定下来后，将仍装着大半杯咖啡的杯子还给那个女子，不无玩笑地说："你差一点就成为英国王妃了。"

第二节　发展在欧洲

一、意大利咖啡文化

1615 年，威尼斯商人第一次把咖啡运到了欧洲大陆。随后，罗马教皇克雷蒙八世为咖啡加冕为"基督世界的饮品"，在此之前，咖啡是伊斯兰教徒的圣品，在此之后，咖啡为世界两大宗教共有。这也是人类历史上同时获得两个宗教冠冕的东西。咖啡在被意大利人当作药水高价出售和被小商贩贩卖多年后，1645 年意大利人在威尼斯圣马可广场的连环拱廊开了第一家咖啡馆。如果把伊斯坦布尔除外的话，这应该是欧洲最早的一家咖啡馆。建于 1720 年威尼斯圣马克广场上的"弗罗里安咖啡馆"(Caffè Florian)，是现存的第三古老的咖啡馆[①]（见图 2-2-1）。

图 2-2-1　弗罗里安咖啡馆

---

① 法国的普罗科皮奥咖啡馆(Le Procope)从 1686 年营业至今，是现存最古老的咖啡馆；奥地利的托马塞利咖啡馆(Cafe Tomaselli)从 1705 年营业至今，排名第二。

1901年,意大利人鲁易基(Luigi Bezzera)发明了世界上第一台蒸汽式咖啡机,并在米兰注册专利;1930年,伊利(Illy)发明了用压缩空气的方法来蒸馏咖啡;而1938年,另一个意大利人加贾(Gaggia)发明了以弹簧为动力的活塞杠杆蒸馏器,这种蒸馏器在咖啡冲煮时能提供15bar的大气压力。这项技术让咖啡中的韵味及香气被完全萃取,在咖啡液面产生浓郁呈淡棕红色的致密泡沫——Crema,并让冲煮咖啡的时间缩短到15秒。这项专利技术(见图2-2-2)奠定了半自动专业咖啡机的基础,被认为对意式咖啡机有了本质上的革新。而这种带有"Crema"的新饮品,被称为Espresso,很快风靡整个欧洲,并传播至北美,成为20世纪60—70年代美国第二波咖啡浪潮的发端。而"加贾(Gaggia)"如今已成为世界著名的咖啡器具生产品牌。

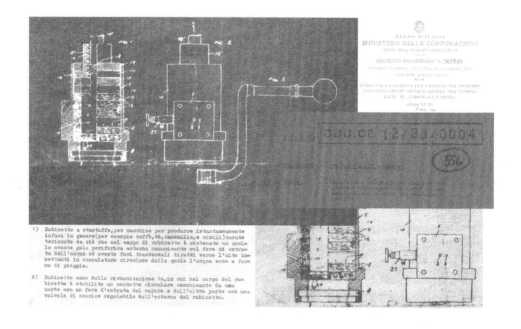

图2-2-2　加贾的意式咖啡机专利

在意大利有一句名言:"男人要像好咖啡,既强劲又充满热情!"在意大利,咖啡和男人其实是异曲同工的两样东西。英文名称为Espresso的意大利浓缩咖啡,色泽纯黑,又浓又香,面上浮着一层金黄泡沫。小小的一杯意大利浓缩咖啡的分量只有50mL,浓稠滚烫,叫人一饮便难以忘怀。对于意大利人来说,咖啡和真正经典的咖啡馆是分不开的。平均每人每年要喝下600杯咖啡的意大利人每天去几次咖啡馆,上下班路上在咖啡馆站着喝一杯Espresso,聊上几句天,是再随意不过的事了。事实上,他们在咖啡馆待的时间并不长,他们去那里似乎仅仅是为了过一下咖啡的瘾,重要的是喝下的那杯东西,而不是其他的什么。

可以这么说,在早期咖啡传播中,意大利人点燃了欧洲的咖啡火苗。20世纪,意大利人又用蒸汽式咖啡机引起了整个咖啡世界的革命。意大利在咖啡界中的地位举足轻重。

二、奥地利咖啡文化

1683 年 7 月,奥斯曼帝国大维齐尔①卡拉·穆斯塔法(Kara Mustafa)率领 30 万大军围攻奥地利维也纳,当时的神圣罗马帝国皇帝利奥波德一世与波兰国王扬·索别斯基订有攻守同盟,波兰人只要得知这一消息,波兰大军和奥地利援军就会迅速赶到维也纳。据说,危急之际,曾经在土耳其游历的波兰人乔治·科尔什茨基(George Kolschitzky)主动请缨,唱着土耳其军歌骗过围城的土耳其军队,跨越多瑙河,搬来了波兰大军和奥地利援军。科尔什茨基再返回维也纳,捎来援军已到的消息,打消了维也纳官兵投降的念头。奥斯曼帝国的军队虽然骁勇善战,但是在波兰大军、奥地利大军和维也纳大军的夹击下,还是仓皇退却了,留下了 25000 顶帐篷、10000 头牛、5000 头骆驼、100000 蒲式耳粮食,以及许多黄金和几十麻袋咖啡豆。战利品都分发给了将士们,但没有人要咖啡豆。他们不知道这是什么,以为是骆驼饲料。但科尔什茨基知道,他说:"如果没有人要,就给我吧。"每个人都很高兴可以不用理会这些奇怪的豆子。科尔什茨基在 1683 年 10 月开办了维也纳第一个提供土耳其咖啡的咖啡馆——蓝瓶之屋(House Under the Blue Bottle)。刚开始的时候咖啡馆的生意并不好,其原因是维也纳人不喜欢连咖啡渣一起喝下去,他们也不太适应把浓黑焦苦的咖啡当作饮料。于是科尔什茨基加以改良,过滤掉咖啡渣并加入大量牛奶,这就是如今咖啡馆里常见的拿铁(Latte)咖啡的原型——梅兰锡咖啡(Melange Coffee)。

维也纳人从这次战争中获得的不仅仅是拿铁咖啡,还有牛角面包。在维也纳被奥斯曼帝国军队围困的那一个多事之秋,一位烘焙师怀着对土耳其新月标志旗帜的蔑视之心,制作了一种新月形的面包——"Kipfel"。维也纳人一手举着剑一手拿着"Kipfel",站在他们的堡垒之巅,向奥斯曼帝国苏丹穆罕默德四世(Muhammad Ⅳ)的同伙们示威。后来这种新月形面包被法国的面点师改良,成了世界闻名的可颂面包(Croissant)。

值得一提的是,这场战役落败后,卡拉·穆斯塔法被穆罕默德四世处以死刑,罪名是把军粮抛弃在维也纳的城门口。

科尔什茨基自然享受到了英雄般的待遇,维也纳的一条街以科尔什茨基命名。相比较救命之恩,时光流逝,维也纳人更加感念他把咖啡带进了人们的生活,所以尊奉科尔什茨基为维也纳咖啡馆的守护神。现在,每年十月,维也纳各大咖啡馆会挂出科尔什茨基的画像来纪念这位伟大的人物,如图 2-2-3 所示。

位于市中心的"中央咖啡馆"(Café Central)是维也纳最著名的咖啡馆之一,开业于 1860 年,在 19 世纪后期成为诗人、美术家、剧作家、音乐家和外交官等的重要聚会地点(见图 2-2-4)。这里曾招待过许多当年的大师,诸如贝多芬、莫扎特、舒伯特和施特劳斯父子等,常客中有西奥多·赫茨尔、弗拉基米尔·伊里奇·列宁、阿道夫·路斯和列夫·托洛茨基等。有一个广为人知的故事,一位奥地利政治家在探讨俄国发生革命的可能性时,讽刺地评论:"谁会去发动革命? 或许是中央咖啡馆的托洛茨基?"

这样的咖啡馆在维也纳还有很多,几乎每个老咖啡馆都能与名人联系在一起,于是维也纳的咖啡馆就成了继巴黎之后,又一个可供观光客瞻仰的地方。

---

① 大维齐尔是奥斯曼帝国苏丹以下最高级的大臣。

图 2-2-3　维也纳有一条以科尔什茨基命名的街道,街道尽头咖啡馆上面是他的雕像

图 2-2-4　中央咖啡馆

　　维也纳人真的很喜欢咖啡,咖啡的种类特别多,几乎每家咖啡馆的咖啡菜单上,都能列出四五十种咖啡。

　　奥地利现存最古老的咖啡馆并不在首都维也纳,而是在萨尔茨堡,托马塞利咖啡馆(Cafe Tomaselli)自 1705 年建立以来,迄今已有 300 多年的历史和传统(见图 2-2-5)。莫扎特就经常来此享用咖啡,最爱马车夫咖啡①。在托马塞利家族一代一代的精心传承下,托马塞利咖啡馆已经成为萨尔茨堡一个不可取代的标志和代表。此外,咖啡馆的甜点也非常出名,光蛋糕便有四五十种之多。

图 2-2-5　托马塞利咖啡馆

三、法国咖啡文化

1644 年,拉·罗克(P. de la Roque)陪同法国大使前往君士坦丁堡回到马赛后,不仅带回来了咖啡,还带来了土耳其人使用的咖啡器具,这些器具在法国引起大众极大的好奇。十年之后,罗克的父亲开了法国第一家咖啡馆。

1660 年,几位曾经在土耳其住过一段时间的马赛商人,不能忍受生活中没有咖啡,于是带了一些咖啡豆回来。后来,一群药剂师和另一些商人通过商业途径从埃及进口了大包的咖啡。里昂商人立即效仿,于是这个圈子的人饮用咖啡逐渐成为习惯。

1671 年,马赛一家私人咖啡馆正式开业,地处交易所附近,于是立刻成为商人和旅行者的常到之处。其他咖啡馆也纷纷开业,全都人满为患。这个时候,法国的医生开始发表对咖啡不利的言论,说咖啡会诱发中风、阳痿、消瘦等疾病。但这次对咖啡的谴责起到了相反的作用,咖啡馆里人头攒动,一如既往,人们在家也照常喝咖啡,医生的言论实际上反而促进了咖啡消费。

1669 年,穆罕默德四世时期的土耳其大使索利曼·阿加,来到路易十四时期的巴黎。他带来了数量众多的咖啡,并把土耳其咖啡的冲煮方式带到了法国的首都。

1686 年,来自意大利西西里岛的弗朗切斯科·普罗科皮奥·德·科尔泰利(Francesco

---

① 马车夫咖啡(Einspänner Kaffee)是一种用搅奶油覆盖的摩卡咖啡,通常装在有耳玻璃杯里。以前的马车夫们都能一手举着咖啡杯,另一手握着缰绳赶马车,该咖啡正是由此得名。

Procopio Dei Coltelli)在巴黎开设了一家咖啡馆(见图2-2-6)。

图 2-2-6　巴黎普罗科皮奥咖啡馆

　　其原址是一间高级的土耳其浴室。普罗科皮奥买过来后,对浴室进行了改建,其独具匠心的装饰风格,如墙上悬挂的镜子和大理石咖啡桌,被后来的众多咖啡馆纷纷效仿。当时的咖啡馆流行挂镜子,就是从这家咖啡馆开始的,镜子除了带来时髦和华丽的装饰效果外,还使咖啡馆里的有限空间得以延伸,透过不同墙面镜子的互相映照、烛影投射,使人产生一种浪漫的幻觉。在普罗科皮奥咖啡馆开张后 3 年,也就是 1689 年,法国的第一个戏剧组织搬进了咖啡馆对面的建筑,当时这个戏剧组织成员共有 27 位,是由路易十四国王挑选出来的,其地位可想而知,咖啡馆因此借光而出名,吸引了众多巴黎的知识分子、文学人士等前来。

　　此时的法国巴黎,正在酝酿着民主革命的思潮,这家开风气之先的普罗科皮奥咖啡馆,吸引过伏尔泰、狄德罗、卢梭这样的启蒙主义大思想家,美国宪法也曾在这里被本杰明·富兰克林思索和完善着,这些天才一坐在这就不想再挪动脚步了。伏尔泰还把一个皇家的大理石台子借到店里来,当他的工作书桌,等于在这安了家,连厕所墙上都有他的句子。后来的客人还有拿破仑、维克多·雨果……据说,法国大革命前,拿破仑在此喝咖啡却没带钱,只好留下军帽抵账。

　　法国的咖啡馆在 18 世纪就以星火燎原之势遍布巴黎的大街小巷。自由而热烈的气氛,使得咖啡馆逐渐成为当时法国知识分子评论时政的场所,对 1789 年的法国大革命起到了催化剂的作用。历史学家米什莱曾说,咖啡适时出现,激发时代良性变革,新的生活习惯因此产生,人的气质也提升了。

　　法国人钟爱咖啡馆是世界闻名的,法国咖啡馆里的浪漫气息吸引着无数观光客前去朝拜。明明在咖啡馆喝一杯咖啡的价钱要远远超过在家喝上一壶,但许多法国人仍要去咖啡馆,而且一成不变地只去自己喜欢或者习惯的那家,坐自己习惯的位子,每次喝一样的咖啡,甚至搭配同样的茶点。而咖啡馆里的侍应生,也有着法国式的默契,你与他们不需交流或只需只言片语,你就可以获得你想要的那种服务,无论是座位、音乐、咖啡,还是点心、报纸。

法国人的咖啡其实远没有他们的咖啡馆那么讲究。和欧洲其他民族比较,法国人的咖啡口味偏淡,而且,由于法国的咖啡基本上来自法国的殖民地,而他们的殖民地又大多在非洲。于是,非洲盛产的罗布斯塔种咖啡豆就成了法国人的粮食。罗布斯塔种咖啡豆属于咖啡豆中的粗壮豆,果酸味不浓烈,倒是苦涩味和土腥味强烈,为了掩盖这种不好的味道,法国人就发明了重度烘焙的法式炭烧咖啡,用烘焙至黑的碳的焦苦味掩盖它。

四、英国咖啡文化

两度当选英国首相的本杰明·迪斯雷利(Benjamin Disraeli)曾说,发明俱乐部之前,咖啡馆的历史反映出人们的礼仪、道德和政治。从这个意义上说,17—18世纪的伦敦咖啡馆历史确实可以称为英国人当时的礼仪风俗史。

大部分专家认为巴斯夸·罗斯(Pasqua Rosée)是伦敦第一位公开售卖咖啡的人,时间大约是1652年,也许是在帐篷内,也许是搭棚摆了个小摊。他最初的店铺海报(或是宣传单页),是最早的咖啡广告(见图2-2-7),现收藏于大英博物馆。该宣传简洁明了:"英格兰首家公开制作和出售咖啡,巴斯夸·罗斯的店……就在康希尔的圣米歇尔巷,以其头像作为店标。"

而两年之前的1650年,牛津大学就已经出现了英国第一家咖啡馆——天使(the Angel),是一个黎巴嫩犹太人贾克柏开设的。牛津大学的咖啡馆有着明显的学术气息,1655年,他们成立了牛津咖啡俱乐部,加入者全是学术精英,其中就包括大名鼎鼎的英国化学家波义耳(Boyle)。该俱乐部于1660年升级为著名的"英国皇家学会",一直运作至今,是世界上寿命最长的科学学会。

咖啡馆作为最早为大众提供平等交流对话的场所,深受欢迎。在一家名为"土耳其人头"(Truk's Head)的咖啡馆里,客人常为政治议题辩得面红耳赤,于是发明了第一个投票箱,以民主方式解决争端。此后,伦敦咖啡馆渐渐变成特定专业人士的聚集地。所以咖啡馆从一开始就带有明显的"圈子"特征,几乎每个咖啡馆都有自己固定的一批客人。比方说"巴斯顿与加罗伟"(Bastons and Garraway's)咖啡馆成了医师和药剂师常去的地方,许多病人也到此看病。而书商喜欢聚在"典章"(Chapter)咖啡馆,并吸引大批作家和编剧家到此谈生意。1680年,乔纳森咖啡馆(Jonathan's Coffee-House)开张,并提供各类商品的价目信息,吸引商人在此聚会交易,最后演变成现在大名鼎鼎的伦敦证券交易所。

全球知名的伦敦洛伊德保险集团就脱胎于1688年的"艾德华洛伊德"咖啡馆。当时的航海人员喜欢在此聊天,渐渐地咖啡馆变成了海事情报站和贩卖海上保险的交易站。直到今天,洛伊德保险集团穿制服的接待人员仍叫"侍者",和300年前咖啡馆的服务生称呼并无两样。

英国的咖啡馆为最早的现代出版业奠定了坚实的基础。德莱顿主持的威尔咖啡馆的咖啡聚会,确立了从威尔咖啡馆一直传播到文学界的文学鉴赏标准。而咖啡馆内的自由辩论,则为早期的中产阶级媒体,如《清淡》《旁观》《卫报》等提供了丰富的素材。这些报纸杂志的编辑,根据在咖啡馆内观察到的情景,以及在那里参与的谈话、听到和讨论的各种消息,了解到众人的意向,形成观点,并最终整理成文字。

咖啡馆遍布伦敦的大街小巷,到了1700年,伦敦的咖啡馆已有2000多家。

The Vertue of the COFFEE Drink.

First publiquely made and sold in England, by *Pasqua Rosee*.

THE Grain or Berry called *Coffee*, groweth upon little Trees, only in the *Deserts of Arabia*.

It is brought from thence, and drunk generally throughout all the Grand Seigniors Dominions.

It is a simple innocent thing, composed into a Drink, by being dryed in an Oven, and ground to Powder, and boiled up with Spring water, and about half a pint of it to be drunk, fasting an hour before, and not Eating an hour after, and to be taken as hot as possibly can be endured; the which will never fetch the skin off the mouth, or raise any Blisters, by reason of that Heat.

The Turks drink at meals and other times, is usually *Water*, and their Dyet consists much of *Fruit*, the Crudities whereof are very much corrected by this Drink.

The quality of this Drink is cold and Dry; and though it be a Dryer, yet it neither *heats*, nor *inflames* more then *hot Posset*.

It closeth the Orifice of the Stomack, and fortifies the heat within; it's very good to help digestion, and therefore of great use to be bout 3 or 4 a Clock afternoon, as well as in the morning, ucn quickens the *Spirits*, and makes the Heart *Lightsome*.

Is good against sore Eyes, and the better if you hold your Head over it, and take in the Steem that way.

It suppresseth Fumes exceedingly, and therefore good against the *Head-ach*, and will very much stop any *Defluxion of Rheums*, that distil from the *Head* upon the *Stomack*, and so prevent and help *Consumptions*, and the *Cough of the Lungs*.

It is excellent to prevent and cure the *Dropsy, Gout*, and *Scurvy*.

It is known by experience to be better then any other Drying Drink for *People in years*, or *Children* that have any *running humors* upon them, as the *Kings Evil*. &c.

It is very good to prevent *Mis-carryings in Child-bearing Women*.

It is a most excellent Remedy against the *Spleen*, *Hypocondriack Winds*, or the like.

It will prevent *Drowsiness*, and make one fit for business, if one have occasion to *Watch*; and therefore you are not to Drink of it *after Supper*, unless you intend to be *watchful*, for it will hinder sleep for 3 or 4 hours.

It is observed that in Turkey, where this is generally drunk, that they are not trobled with the Stone, Gout, Dropsie, or Scurvy, and that their Skins are exceeding cleer and white.

It is neither *Laxative* nor *Restringent*.

Made and Sold in St. *Michaels Alley* in *Cornhill*, by *Pasqua Rosee*, at the Signe of his own Head.

图 2-2-7　巴斯夸·罗斯咖啡馆的海报（或是宣传单页）

　　当时，英国的咖啡馆是男人独享的去处，女子不得入内。咖啡馆的生意太好，抢了酒馆的客人。1674 年，咖啡馆在英国境内如火如荼时，在酒商们的怂恿下，英国妇女发表了《妇女抵制咖啡请愿书》，她们抱怨说：“英国男子昔日威仪如今荡然无存，这是过度饮用最新流行的、异教徒的饮料咖啡所致……"伦敦的男士就此回击,发表了《男士答复妇女反咖啡请愿书》,为咖啡进行辩护。

当时,男士反对女士进入咖啡馆是因为英国人认为咖啡是"开智"之物,在咖啡馆谈论的不是政治问题就是学术问题,要么就是商业生意。在 17 世纪,女士被视为不适宜参与这些严肃问题的讨论。同时,因为咖啡馆里经常讨论一些敏感的政治话题,英王查理二世援引《妇女抵制咖啡请愿书》,于 1675 年颁布禁开咖啡馆的声明。此声明遭到民众的反对,甚至妇女也站出来反对关闭咖啡馆。她们害怕丈夫又回到从前酗酒的状态里。声明发表 11 天,英国境内动乱频繁,几乎危及查理二世的王位,于是,查理二世在禁令正式执行的前两天便取消了禁令。英国历史学家认为,这是人类历史上争取言论自由获得胜利的大事件。

然而,咖啡馆繁荣的盛况并未维持多久,到了 18 世纪初期,咖啡馆很快就被茶馆所取代。就在欧洲各国在其殖民地大肆种植咖啡时,英国人却在占领印度后,把原来的咖啡农场改成茶场。这一方面是因为印度的咖啡遭受咖啡树锈蚀病的侵袭,大面积死去;另一方面则与英国人的喜好的转移有关。优雅的茶馆原本是知识妇女和小孩偏好的地方,但没多久,大男人们也开始迷恋这种场所,而咖啡馆则很快沦为街边的快餐店,或转做其他行业。

直到 20 世纪 50 年代,咖啡的热潮才逐渐抬头。然而此次咖啡的回潮,英国人一贯秉承的对纯正事物爱好的传统却遭受挑战。人们在欢迎来自意大利的浓缩咖啡的同时,更多的热情给了美国的速溶咖啡。最开始,意大利的浓缩咖啡风靡了英国,1955 年以后,伦敦装潢精美的意式咖啡馆随处可见,顾客盈门,人们在里面喝摩卡壶冲泡的浓缩咖啡。而且,这次咖啡馆不再是男人的专利,也对女人敞开了大门,于是一时间咖啡馆成了红男绿女云集的时髦场所。但这并未彻底改变英国人的饮茶习惯,直至美国的速溶咖啡与电视广告一起,进入还沉浸于茶叶配给制下的英国人的生活。1956 年,英国茶叶配给制取消,但英国人喝茶的传统并没有人们想象中恢复得那么乐观。时髦的人去咖啡馆喝意大利浓缩咖啡,而更多的时候,大家选择即冲即喝的速溶咖啡。当速溶咖啡占据了英国人 90% 的咖啡市场并影响到茶叶时,恼怒的英国茶叶商人最终也不得不向速溶咖啡学习,放弃风味较佳的茶叶而改为把茶叶切碎装入茶包。虽然英国人喝茶的传统并未被咖啡彻底取代,但咖啡重入英国,却是一股不小的力量,至少英国人的喝茶传统因此而改变。

五、德国咖啡文化

1573 年,来自奥格斯堡地区的德国医生莱昂哈德·劳沃尔夫(Leonhard Rauwolf)去往阿勒颇,经历了一次难忘之旅。1583 年,他在出版的《踏上东方》中写道:"有一种像墨水一样黑色的饮料,对许多疾病,尤其是胃部疾病很有用……由水和被称为 Bunnu 的灌木丛中的水果制作而成。"他也因此成为欧洲历史上第一个在印刷品中提及咖啡饮品的作家。

尽管如此,直到 1670 年咖啡才进入德国。1675 年,咖啡现身于勃兰登堡大选的法庭上。来自伦敦的英国商人于 1679—1680 年在汉堡开办了德国第一家咖啡馆;随后,1689 年是雷根斯堡;1694 年,莱比锡;1696 年,纽伦堡;1712 年,斯图加特;1713 年,奥格斯堡。1721 年时,国王腓特烈一世(Friedrich Ⅰ)授予一位外国人以特权,让他在柏林开咖啡馆,免去所有房租。多年以来,英国商人主要供应德国北部的咖啡消费,而意大利人则供应南部。到 18 世纪下半叶,咖啡进入普通家庭,取代了早餐桌上的面粉汤与暖啤酒。

到 18 世纪中叶,腓特烈二世(Friedrich Ⅱ)发现咖啡影响到了德国国粹——啤酒的地位,而且为购买咖啡生豆付给外国咖啡商的金额巨大,影响国库收入,极为震怒,于是一方面提高咖啡税和咖啡器具的价格,使得普通百姓喝不起咖啡;另一方面,试图用丑化咖啡形象的方式来降低咖啡用量。他授意医生诋毁咖啡,他们最爱使用的论点是:女人喝咖啡,就生不出孩子。1732 年,巴赫创作《咖啡康塔塔》,就是用音乐反对这种诽谤的最著名抗议。巴赫通过里面的一句台词"就像猫咪不放弃捉老鼠一样,女子依旧爱喝咖啡……"道出了当时德国人对咖啡的痴迷。见自己的措施没有效果,腓特烈二世气急败坏,于 1777 年下达了咖啡禁喝令,同时将咖啡烘焙权收归国有,只有皇家机构才有烘焙咖啡豆的资格。国王特许普鲁士最上流社会的精英们自己烘焙咖啡。当然,他们必须从政府手里购买咖啡生豆,价格自然已成倍上涨,腓特烈二世因此狠狠赚了一笔。为管控私人烘焙咖啡豆,腓特烈二世派出不能上战场的官兵挨个街巷嗅闻,遇到偷烘咖啡者即予以严厉处罚。罚款的 1/4 会被用来奖励这些密探。他们非常招人讨厌,人们都憎恶他们,愤愤不平地称他们为"咖啡大鼻子"。一时间,咖啡变成了贵族阶层的特有饮品,普通百姓失去了对咖啡的购买能力。于是一些人只能喝"代用咖啡"(Ersatz Kaffee),就是将橡子磨碎,与大麦和黑麦等谷物一同烤焦,加水浸泡,变成咖啡替代品。

直到 19 世纪初期,形势发生了变化,咖啡成为德国人掌握的最佳赚钱工具之一。19 世纪中叶,拉丁美洲和中美洲大力发展的咖啡种植业受到废奴运动的影响,于是咖啡园业主把进口奴隶改为向欧洲招募咖啡农,许多德国移民就此踏上了巴西、危地马拉的土地。危地马拉政府为了吸引移民,1877 年通过了协助德国移民区的土地法律,并给予 10 年所得税减免、6 年生产设备关税减免的优惠。在此种一边倒的政策扶植下,到 19 世纪末,德国人在危地马拉拥有 19% 的咖啡田,其产量占该国总产量的 40%。靠种植业发财致富的德国人还招来了他们的同乡,投资咖啡产地,铺设运送咖啡豆的铁路。同一时期,德国的咖啡商人也趁机做大,垄断经销拉丁美洲的顶级咖啡豆。至少有 80% 的危地马拉咖啡豆经德国商人之手运往欧洲各地。

只是战争让德国经历了和欧洲其他国家一样的咖啡困境——由于离产地遥远,所以一旦开战,运输线被封锁,整个欧洲就闹咖啡荒。

1813 年,英国、普鲁士、俄国等联军在莱比锡战役中击败了拿破仑。卡尔·马克思(Karl Marx)在《德意志意识形态》中做出论断:"由于拿破仑的大陆封锁,造成了砂糖和咖啡的匮乏,这驱使德国人发起了反拿破仑的暴动……"

而在第一次世界大战中,美国于 1917 年正式宣布对德作战,巴西政府因美国同意采购 100 万袋咖啡豆作为军粮,也对德国宣战,逮捕了一批定居巴西的德国人。与此同时,美国通过法案,没收德国人在美的财产。1918 年,危地马拉也通过类似的法案。德国在拉丁美洲的咖啡也遭到重创,美国人趁机介入。德国人在第一次世界大战中,在咖啡上的失利,全部在第二次世界大战初期找补回来。1939 年,希特勒军队突袭波兰,欧洲每年 1000 万袋的咖啡豆生意停顿。1940 年,希特勒军队横扫全欧洲,纳粹关闭所有港口,整个欧洲(除了德国)都处于咖啡荒中。但第二次世界大战后期,巴西、危地马拉相继对德国宣战,同时美国人也不断采取手段将在拉丁美洲的德国人的财产充公。第二次世界大战后,德国经济迅速恢复,同时也迅速恢复其在咖啡贸易中的地位。

如今,德国是世界重要的咖啡消费国,年人均消耗量约为 5.5kg。咖啡和啤酒成为德国人最爱的饮料。

第三节　新世界咖啡力量

一、日本咖啡文化

　　咖啡最早进入日本,是由荷兰传教士和商人带来的,时间在1630年左右,也就是荷兰人拼命向他们在亚洲的殖民地斯里兰卡和印度爪哇推广咖啡时。不过那时日本人完全不接受这种怪异的饮料。咖啡出现在日本的最早记录,见于1804年一位日本作家的日记:"在船上,洋人劝我喝咖啡,那是一种在炒焦了的黑豆粉里加上白糖的饮料,那股煳味简直令人无法忍受。"直到明治维新时代,日本社会掀起"西学"之风,人们才在渐渐接受先进的西方工业化文明的同时,接受了他们的生活方式之一———咖啡。最早的咖啡馆出现在"会馆"里,也就是专门接待外国使节下榻的宾馆里,这些会馆大多位于港口城市如神户、横滨等地。此后,咖啡逐渐进入日本上流社会的生活中,成为高级饮料。1883年,日本为了迎合西洋达官显要的需要,特地建造了豪华宾馆鹿鸣馆,宴会上的一切均按照"法式全餐"模式进行,从开始的餐前酒到最后的咖啡,都正式列入菜单。1888年,日本第一家供应咖啡饮料的茶座在东京上野开张,名为"可否茶馆",但由于客人太少,几年后关张。当时所形成的咖啡沙龙是文人或文学青年们的社交场所,但同时平价化的咖啡馆在不知不觉中盛行。据说这类咖啡馆是以17世纪后半叶巴黎出现的咖啡馆为模板的,它成为当时拥有台球等娱乐器具的社交场所。像欧洲一样,19世纪末最早的咖啡馆,总是汇集大批的文人墨客,在高级西洋料理店中,当时一杯咖啡15钱,而在装潢得很像巴黎咖啡馆的店里,一杯咖啡只需要5钱,在这里人们以1/3的价格就可以喝到道地的原味咖啡。当然,日本以茶道著称,自然不可避免地出现针对咖啡的抨击。比起庄严肃穆的茶座,年轻人显然更喜欢随意性很强的咖啡馆。咖啡迅速成为大受欢迎的饮料。而日本的咖啡馆也注意适应各类型顾客的需求,逐渐形成自己的特点。比如说,日本的很多茶座、咖啡馆,除了提供咖啡、红茶、果汁等饮料外,还有土司、三明治等各种便食。不少茶座、咖啡馆以优惠价格在早上供应包括吐司、鸡蛋、沙拉等在内的"早饭套餐",在中午供应包括饭菜和饮料在内的"午饭套餐"。

　　日本人在咖啡史上有两大发明功不可没:一是加藤觉博士(Kato Satori)于1899年发明速溶咖啡,但由于在日本没找到市场,1901年在美国芝加哥注册专利;另一个是"上岛咖啡馆"创始人上岛忠雄发明了罐装咖啡。

　　第二次世界大战时,咖啡因为是敌国饮料而一度被日本人抵制。第二次世界大战之后,随着美国士兵的进驻,咖啡在日本又发展了起来,逐渐可与绿茶分庭抗礼。

　　作为并不生产咖啡的国家,日本对咖啡的选择显示出仔细认真的民族性格。印度尼西亚曼特宁咖啡的推广也离不开日本人。其实曼特宁既非印度尼西亚地名、产区名、港口名,亦非咖啡品种名,而是原先居住在苏门答腊的民族曼代宁(Mandailing)的音读。根据苏门答腊的资料,第二次世界大战日本占领苏门答腊期间,一位日本兵在一家咖啡馆喝到香醇无比的咖啡,好奇地问老板:"这是什么咖啡?"老板误以为日本兵在问:"你是哪里人?"于是老板回答:"曼代宁族。"战后这名日本兵记得曾在印度尼西亚喝过的美味咖啡好像叫曼"特"宁,于是请印度尼西亚咖啡经销商替他运送15吨曼特宁咖啡到日本,居然大受欢迎,曼特宁

就这样以讹传讹被创造出来。

此外,关于牙买加蓝山咖啡,1969 年,牙买加遭受严重飓风灾害,咖啡种植园损失惨重,日本 UCC 公司提供大量援助使得牙买加咖啡产业起死回生,作为报答,牙买加于 1972 年与日本签订协议,将蓝山咖啡 90% 配额分配给 UCC 公司,欧洲及美国各分配 5%。

二、美国咖啡文化

咖啡首先是被英国人引入美国的。1607 年,弗吉尼亚殖民地的创始人约翰·史密斯(John Smith)上尉把咖啡介绍给了其他定居者。1670 年,多萝西·琼斯(Dorothy Jones)成为第一个获得早期波士顿咖啡销售许可证的人。由于早期的北美移民更喜欢茶,他们接受喝咖啡的习惯很慢。然而 1773 年,就在波士顿倾茶事件后,北美移民为了抗拒英国茶叶税收,拒喝英国茶。当时喝茶被人们普遍认为是一种叛国的行为,而喝咖啡则成为一种爱国的象征。自此,美国咖啡馆生意暴涨,大批咖啡馆涌现。波士顿的两家最早的咖啡馆是 1691 年开的伦敦咖啡馆(London Coffee House,见图 2-3-1)和古特里奇咖啡馆(Gutteridge Coffee House)[①]。最有名的一家是绿龙咖啡馆(Green Dragon),是殖民地人民策划起义的总部所在。

图 2-3-1　肯尼迪和卢卡斯的这幅石版画描绘了 1830 年的伦敦咖啡馆

1808 年,波士顿创建了当时世界上规模最大、价格最贵、装饰最华丽的咖啡交易所。咖啡成了美国重要的进口商品。

---

① 历史学家塞缪尔·加德纳·德雷克(Samuel Gardner Drake)在 1854 年出版的《波士顿市文物志》(*History and Antiquities of the City of Boston*)中提到,伦敦咖啡馆是波士顿的第一家咖啡馆,然后古特里奇咖啡馆是第二家。后者位于州街的北侧,在交易所街和华盛顿街之间,以罗伯特·古特里奇(Robert Gutteridge)的名字命名,他于 1691 年获得了旅店经营的执照。27 年后,他的遗孀玛丽·古特里奇(Mary Gutteridge)向该镇请愿,要求续签她已故丈夫的许可证,以保留一家公共咖啡馆。

咖啡在美国文化中继续扮演重要角色的事件是发生在第二次世界大战时期的"咖啡休息时间"：看到了咖啡因在员工身上发生的神奇效果之后，工厂主们纷纷给员工更长的休息时间，甚至为他们主动提供咖啡。

虽然美国的咖啡消费量很大，但一度被视为不懂咖啡的国度，美国人喝的咖啡被讥讽为"牛仔咖啡（Cowboy Coffee）"。直到 1966 年，艾尔弗雷德·皮特（Alfred Peet 见图 2-3-2）在加利福尼亚州伯克利开了一家咖啡馆——皮特咖啡与茶（Peet's Coffee & Tea）推广新鲜重度烘焙咖啡，迅速风靡全美。其后，皮特咖啡与茶的三位弟子杰里·鲍德温（Jerry Baldwin）、戈登·巴克（Gordon Bowker）和泽夫·西格尔（Zev Siegl）于 1971 年在西雅图创办星巴克（Starbucks）公司。1987 年，霍华德·舒尔茨（Howard Schultz）收购星巴克公司并引进了意大利浓缩咖啡馆理念，很快星巴克成为全球最大的咖啡连锁店。

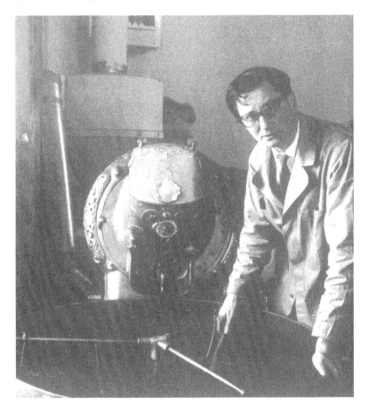

图 2-3-2 艾尔弗雷德·皮特和他的重度烘焙咖啡豆

1975 年，乔治·豪厄尔（George Howell）创办"咖啡关系"，推广浅度烘焙单品的精品咖啡（见图 2-3-3）。美国咖啡进入全新时期。一改美国咖啡粗糙的形象。

不论在家里、办公室、公共场合还是路边自动贩卖机，美国人几乎一天 24 小时都离不开咖啡。也就是这样，美国人喝掉了世界咖啡生产量的 1/3，使美国成为全球咖啡消耗量最大的国家。

据说第一次登上月球的阿波罗号飞船，在途中曾经发生严重的故障，当时地面人员安慰三位航天员的一句话就是："加油！香喷喷的热咖啡正等着你们归来！"

图 2-3-3　乔治·豪厄尔

三、中国咖啡文化

咖啡传入中国的历史并不长,直到 1884 年,有位英国茶商发现我国台湾地区的气候与中南美洲十分相似,应该会适合种植咖啡。于是,这名商人引进了 100 株咖啡树到台湾种植,揭开了咖啡在中国发展的序幕。

在我国大陆地区,最早的咖啡种植则开始于云南。1904 年,法国传教士田德能将第一批咖啡树苗从越南带到云南的宾川县的朱苦拉村(见图 2-3-4),从此开始了大陆地区的咖啡种植[①]。1908 年,侨商曾汪源从马来西亚带回咖啡种子,在海南儋州开荒种植了约 15 万株,后因经营不善,难以为继。1933 年,侨商陈显彰从印度尼西亚带回咖啡种子,在海南福山等地建立两个农场,并最早实现了咖啡的产业化。

中国人开始接触咖啡的时间就更早了。据《广东通志》记载,在鸦片战争(1840 年)以前的嘉庆年间,来到中国当时最大的通商口岸广州的洋人已煮、饮自己带入的咖啡:"外洋有葡萄酒……又有黑酒,番鬼饭后饮之,云此酒可消食也。"所谓黑酒,应该是指咖啡。与之有些类似的可可多制成巧克力食用,且可可饮无咖啡饮那样流行。1909 年出版的中国最早的西餐烹饪书——《造洋饭书》中把 Coffee 音译成"磕肥",还讲授了制作、烧煮咖啡的方法:"猛火烘磕肥,勤铲动,勿令其焦黑。烘好,趁热加奶油一点,装于有盖之瓶内盖好,要用时,现轧。"

---

① 据考证,云南最早咖啡树种引进可以追溯到 1893 年前后,甚至更早的 1837 年,在云南省瑞丽市的景颇族聚居地。但朱古拉村的咖啡树存活下来,并形成咖啡林。所以对最早在我国大陆地区咖啡种植的认定上,主流的观点还是认同从朱古拉村开始的这个说法。2016 年 2 月,原国家质检总局批准对"朱古拉咖啡"实施地理标志产品保护。

图 2-3-4　朱苦拉的咖啡古树

图片来源：http://img.mp.itc.cn/upload/20170616/8873adfb81d34beb870fd4146121be15_th.jpg.

清末民初，徐珂在《清稗类钞》中记载："饮咖啡：欧美有咖啡店，略似我国之茶馆。天津、上海亦有之，华人所仿设者也。兼售糖果以佐饮。"可见，清末中国就出现经营性的咖啡馆。

中华人民共和国成立以后，刘少奇、周恩来等国家领导人十分重视咖啡产业的发展，数次亲临垦区。1952 年，在海南兴隆镇成立了新中国第一家咖啡运营厂商——太阳河咖啡厂。20 世纪 50 年代，云南省为满足东欧国家和苏联的需求，促进了保山市潞江坝咖啡的发展，使之成为全国第一个阿拉比卡种咖啡生产基地。

20 世纪 60 年代，国家在农业上贯彻"以粮为纲"的经营方针，又逢中苏关系恶化，再加上对咖啡消费的认知逐渐被认定为资产阶级生活方式，中国的咖啡产业严重萎缩。

20 世纪 80 年代，随着改革开放的深入，中国的咖啡产业慢慢恢复。1988 年，雀巢在中国成立合资公司。现在，在我国云南、海南、广西、广东等省份都有了面积可观的咖啡种植基地，一些世界上著名的咖啡公司如麦斯威尔、哥伦比亚等纷纷在中国设立分公司，它们不仅把咖啡产品销售到中国，还从中国的咖啡种植基地采购咖啡豆，既促进了我国的咖啡销售，又带动了咖啡种植业的发展。

1999 年，台湾同胞王大伟首次把世界最具声誉的咖啡品牌——星巴克引进大陆。随后，日本真锅等知名咖啡品牌大举入驻中国市场，美国西雅图咖啡、加拿大百怡、加拿大第二杯咖啡（Second Cup）等也陆续进入中国市场。随着外来文化的冲击和生活方式的转变，咖啡更多地进入了寻常中国百姓的生活。

随着咖啡这一有着悠久历史饮品的广为人知，咖啡正在被越来越多的中国人所接受。有数据表明，中国的咖啡消费量正逐年上升，有望成为世界重要的咖啡消费国。同时，云南咖啡生产在 21 世纪也迎来了新的机遇和挑战，中国有咖啡、中国产好咖啡的形象也逐渐为

世界所接受。

2020 年 12 月发布的《中国现磨咖啡行业白皮书》显示，截至 2020 年底，中国共有咖啡馆 10.8 万家，主要位于二线及以上城市，数量占比为 75%。以独立咖啡馆为主，咖啡馆品质与连锁率有望提升。2021 年发布的《上海咖啡消费指数》显示，上海共有咖啡馆 6913 家，数量远超纽约、伦敦、东京等，成为全球咖啡馆最多的城市。中国现磨咖啡头部品牌以综合性产品价值和多场景适用的大型连锁品牌为主，但从一线和新一线城市的竞争格局来看，主打"快咖啡"场景的高性价比咖啡品牌和主打"慢咖啡"场景的精品咖啡品牌正在逐渐抢占市场份额。新兴品牌通过更加精细化的定位，瞄准现磨咖啡的特定价值诉求，成功挖掘现今消费者尤其是年轻消费者对现磨咖啡更加多样化的诉求。

目前中国咖啡消费者以年龄在 20～40 岁间的一、二线城市白领为主，大多为本科及以上学历，拥有较高的收入水平。未来随着受教育程度的提高和可支配收入的提升，潜在咖啡消费人群将持续扩张。一、二线城市已养成饮用咖啡习惯的消费者摄入频次已达 300 杯/年，接近成熟咖啡市场水平。

2010—2020 年，中国咖啡市场进入了高速发展的阶段。从生产端到消费端，都发生了质的飞跃，涌现出一批诸如 Seesaw、瑞幸、Manner 等连锁品牌，云南在咖啡种植和处理方面在进行积极探索，质量有了长足的提升。

从 2013 年到 2023 年，预计中国人均咖啡消费量将上涨 238%。相比新茶饮市场发展迅速，国内咖啡市场也被业内认为仍然有较大的增长空间。另有数据显示，我国咖啡消费量在以每年 15%～20% 的幅度快速增长，远高于全球 2% 的平均增速。几乎世界咖啡产业链上的所有节点，目光都盯在了中国。

第三章　生豆评鉴

第一节　生豆品种

咖啡豆分为阿拉比卡种、罗布斯塔种和利比里亚种三大类。阿拉比卡种经过反复的突变和配种，衍生出了很多品种。为了对抗病虫害和提高产量，一些罗布斯塔种也参与了改良和变异。

接下来介绍几个主要的咖啡品种及其特征。

一、埃塞俄比亚分支

（一）埃塞俄比亚原生种（Heirloom）

埃塞俄比亚是咖啡的发源地，是阿拉比卡种的诞生地，同时也是全球拥有咖啡种植区最多、独特风味咖啡最多的国家。这些埃塞俄比亚的阿拉比卡种原种被广泛种植于西达摩、耶加雪菲、哈拉尔、吉玛等地。之所以大部分埃塞俄比亚的咖啡品种会以原生种来命名，其实是因为埃塞俄比亚的咖啡品种实在太多了，原生的咖啡树种就有 3000 种以上，它就像阿拉比卡种的天然基因库，一方面品种繁多，鉴定分类难度大，另一方面埃塞俄比亚政府出于保护的考虑也不愿意公开这些品种信息，所以就统称为原生种（Heirloom，见图 3-1-1）。

图 3-1-1　原生种

（二）瑰夏种（Geisha）

1931年，瑰夏种咖啡默默无闻地从埃塞俄比亚西南部的瑰夏山（Geisha Mountain，"Geisha"恰巧与日文的"艺伎"同音）输出到肯尼亚，经由坦桑尼亚、哥斯达黎加移植到中美洲。现在在巴拿马、马拉维、萨尔瓦多、肯尼亚、危地马拉等地都有少量种植，其中以巴拿马、危地马拉、哥伦比亚等拉美国家品质较高，价格也较高。

瑰夏种种咖啡的特征是主干上长出的侧枝与侧枝之间的间隔较大（见图3-1-2）。

图 3-1-2　瑰夏树枝丫间距比较舒宽

瑰夏种咖啡生豆的豆形细长（见图3-1-3），密度大，烘焙时间较长。瑰夏种咖啡的口味特点是花香和果香浓郁。

图 3-1-3　瑰夏种咖啡生豆

二、铁皮卡种及其分支

（一）铁皮卡种（Typica）

所有阿拉比卡种皆衍生自铁皮卡种。铁皮卡种属于风味优雅的古老咖啡，但体质较弱，抗病力差，易染锈叶病，产果量亦少，不符合经济效益。近年铁皮卡种在中南美洲已渐被卡杜拉种和卡杜艾种取代。铁皮卡种虽然风味佳，但远不如波旁种普及。

铁皮卡种的特征是树高 4～5 米，侧枝水平生长，顶叶为古铜色（见图 3-1-4）。铁皮卡种咖啡的特点是香味浓郁，口感顺畅，微酸。不耐叶锈病，需要遮阴树，两年采收一次，产量低。大家耳熟能详的曼特宁、蓝山、象豆、可纳、云南小圆豆、瑰夏等，皆是铁皮卡种的衍生品种。铁皮卡种生豆的豆粒较大，呈尖椭圆形或瘦尖状，与波旁种的圆身豆不同（见图 3-1-5）。

图 3-1-4　铁皮卡种咖啡树顶会有两片铜色叶子

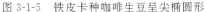

图 3-1-5　铁皮卡种咖啡生豆呈尖椭圆形

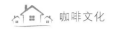

（二）象豆（Maragogype）

豆体比一般阿拉比卡种至少大三倍,是世界之最,因而得名(见图3-1-6)。象豆是铁皮卡种最知名的变种豆,1870年最先在巴西东北部巴伊亚州的马拉戈吉佩(Maragogype)产豆区发现。墨西哥、危地马拉、哥伦比亚和多米尼加等地有少量栽植。象豆很适应700~800米的低海拔区,但风味乏善可陈,毫无特色,甚至有土腥味,宜选1000米以上的稍高海拔进行种植。

图 3-1-6　象豆

象豆的体积虽大,却属于软豆。一般人对它印象不佳,但事实上种植于海拔稍高处的象豆风味特殊,柔香迷人,酸味温和(因为海拔高的结果量较少,养分较集中),不过产能很低,不符合经济效益,加上果子硕大不易水洗或半水洗,致使农人栽植意愿不高,纷纷改种高产能的卡杜拉种或卡杜艾种。烘焙象豆时,由于豆体大、密度低,如以传统半直火式进行烘焙,宜以小火为之;如以热气式进行烘焙,则务必少量烘焙,以免热气吹不动象豆,无法翻腾而出现黑焦点。

（三）肯特种（Kent）

印度的铁皮卡种发生变异,形成了肯特种(见图3-1-7)。对抗叶锈病的能力强,产量高。肯特种咖啡香味较浓,味道较重。最近的DNA识别表明,被称为Coorg和肯特种的古老的印度品种与波旁种的后裔品种有关。

三、波旁种及其分支

（一）波旁种（Bourbon）

波旁种是由铁皮卡种突变而来的次种,与铁皮卡种同是最接近原生种的品种。1715年,法国移植也门的摩卡圆身豆到马达加斯加岛旁的波旁岛。1727年,辗转传到巴西和中南美洲的波旁种亦属于圆身豆。另外,1732年英国移植也门摩卡咖啡到圣海伦娜岛,也是圆身豆;有意思的是,它并未通过波旁岛,却取名为绿顶波旁种。事实上,很多波旁种圆身豆直接从也门传播而未通过波旁岛。1810年,波旁岛的圆身豆又有一部分突变为尖身豆,也就是知名的"尖身波旁种",其咖啡因含量只有普通咖啡豆的一半,产量少、体质弱,极为珍稀。

图 3-1-7　肯特种带有很强的抗叶锈病能力

　　波旁种咖啡的主要特征是侧枝斜向上生长，叶子呈绿色，叶边有波纹（见图 3-1-8）。豆子颗粒小且浑圆，密集群生，中央线呈 S 形（见图 3-1-9）。波旁种收成量比铁皮卡种多20%～30%，也是两年采收一次。

图 3-1-8　波旁种的叶子有波纹

　　波旁种咖啡与铁皮卡种同样有优质的口感，似红酒的酸味，余韵甜。

图 3-1-9 波旁种咖啡豆 S 形的中央线

(二)卡杜拉种(Caturra)

1935 年,种植于巴西的波旁种发生良性基因突变,形成了卡杜拉种。其产能与抗病性均比波旁种佳,但树株较矮,2 米左右,树主干粗短,枝干较多,方便采收。该树种适合多种环境下种植,不需要遮阴树,直接暴晒于艳阳下亦可生机勃勃,俗称暴晒咖啡(Sun Coffee),能适应高密度栽种,但必须多施肥,增加了成本。现今多种植于中美洲。

和波旁种一样均有每两年产能起伏的周期问题,但产量更多,其产量是波旁种的 2 倍,是铁皮卡种的将近 3 倍(见图 3-1-10)。

图 3-1-10 卡杜拉种的产量很高,可以用硕果累累来描述

卡杜拉种咖啡的风味没有波旁种咖啡那样浓郁,酸味多,涩味强。

(三)帕卡斯种(Pacas)

帕卡斯种是在萨尔瓦多发现的波旁变种。1935 年,萨尔瓦多咖啡农帕卡斯筛选高产能的圣雷蒙波旁(San Ramon Bourbon)品种移入农庄栽植。1956 年,友人发现他农庄里的波旁种结果量高于同种咖啡树,于是请佛罗里达大学教授前来鉴定,确定波旁种发生基因突变,便以咖啡农名字"帕卡斯"为新品种命名。帕卡斯种由于产量高、品质佳,在中美洲颇流行。萨尔瓦多的咖啡目前有 68% 为波旁种,29% 为帕卡斯种,另外 3% 则为卡杜艾种、卡杜拉种和高贵的帕卡马拉种。

帕卡斯种的特点是咖啡生豆较小,主干生长出来的侧枝与侧枝之间的间隔很小,有很多侧枝(见图 3-1-11);结果时间早,收获快,产量高;适合低地种植,耐干旱;种植地海拔越高,咖啡豆质量越好,香味越浓郁。

图 3-1-11　帕卡斯种

(四)黄色波旁种(Bourbon Amarello)

黄色波旁种为巴西圣保罗州特有的黄色外皮的波旁变种。一般咖啡果子成熟后会变成红色,但黄色波旁种咖啡果成熟后不会变红,因呈橘黄色而得名(见图 3-1-12)。黄色波旁种咖啡豆是精品 Espresso 的配方豆。阿拉比卡种黄色果皮变种的学名,皆冠以"Amarello",包括黄色卡杜拉种、黄色卡杜艾种等。

四、阿拉比卡种内部混种

(一)新世界种(Mundo Novo)

新世界种是同属阿拉比卡种的波旁种与苏门答腊铁皮卡种自然杂交的品种,最早在巴西发现。产量高,耐病虫害,香味温和清淡,品质佳,被誉为巴西咖啡业新希望,故取名为新世界。最大缺点是树高常超过 3 米,不易采收(见图 3-1-13)。

图 3-1-12　黄色波旁种

图 3-1-13　新世界种

(二)帕卡马拉种(Pacamara)

帕卡马拉种血统非常复杂,是象豆与帕卡斯种的杂交品种(见图 3-1-14)。叶子为深绿色,边缘呈波浪形,豆粒硕大仅次于象豆,是萨尔瓦多咖啡研究学会于 1957—1958 年配出的优良品种,直到近年才大放异彩,成为精品咖啡的宠儿。帕卡马拉(Pacamara)之名取得很好,是帕卡斯(Pacas)与象豆(Maragogepe)字首之复合字。

帕卡马拉种咖啡的香味类似于铁皮卡种,香味清爽,口感润滑。

图 3-1-14　帕卡马拉种

(三)卡杜艾种(Catuai)

卡杜艾种是新世界种与卡杜拉种的杂交品种(见图 3-1-15)。其优点是继承了卡杜拉种树身矮的优点,一改新世界种的缺点;结果扎实,遇强风吹拂不易脱落,弥补了阿拉比卡种果实弱不禁风的缺陷,但整体风味表现比卡杜拉种单调。卡杜艾种有红果与黄果之别。相关统计数据显示,红果卡杜艾种较常得奖。

图 3-1-15　卡杜艾种具有很高的经济价值

五、阿拉比卡种与罗布斯塔种混种

(一)SL28

SL28 是斯科特实验室(Scott Laboratory)于 1935 年发现和培育出来的新品种。在 1935—1939 年期间,斯科特农业实验室(现为肯尼亚国家农业实验室)选择了 42 棵不同来源的咖啡树种进行培育,并研究了产量、质量、抗旱性和抗病性。"SL"是斯科特实验室的首字母,后面的数字则是按照各自咖啡树种特征进行的编号。SL28 基因来自坦桑尼亚的抗旱咖啡树种。SL28 的顶叶通常是绿色的,但偶尔会观察到青铜色(见图 3-1-16)。SL28 耐干旱,适合高地种植,收获快;已适应肯尼亚高浓度的磷酸土壤,酸味明显;易患重大疾病;常见于肯尼亚、马拉维、乌干达、津巴布韦等。

图 3-1-16　SL28

(二)SL34

SL34 是斯科特实验室于 1935 年发现和培育出来的新品种(见图 3-1-17)。SL34 耐干旱,收获快,产量高,酸味重,香味丰富。SL34 顶叶上类似铁皮卡种的古铜色,似乎在标示着自己的上古血统。由于其咖啡种子是通过法国传教士直接从波旁岛运来的,因而常被认为是波旁种基因序列。然而,最近的基因测试结果表明,SL34 与铁皮卡种的基因组有关。

(三)蒂姆种(Timor)

蒂姆种是于东帝汶发现的阿拉比卡种与罗布斯塔种的杂交品种(见图 3-1-18),但较接近阿拉比卡种,因其染色体是阿拉比卡种的 44 条而非罗布斯塔种的 22 条。蒂姆种咖啡的酸味低,缺少特色,但东帝汶也有水洗式处理法的高海拔纯种铁皮卡种。购买蒂姆种咖啡,务必先弄清它是杂交种或是纯种铁皮卡种水洗豆,两者品质差很多,前者平淡无奇,后者有精品豆水准。

图 3-1-17 SL34

图 3-1-18 蒂姆种

(四)卡蒂姆种(Catimor)

卡蒂姆种是目前商用豆的重要品种。东帝汶曾受葡萄牙殖民四百年,葡萄牙人对东帝汶的咖啡树早有接触。1959 年,葡萄牙人将巴西的卡杜拉种移往东帝汶与带有罗布斯塔种血统的蒂姆种杂交,成功培育出抗病力与产能超强的卡蒂姆种。1970 年到 1990 年间,叶锈病祸及全球咖啡产国,在国际组织的协助下,各产国大力推广卡蒂姆种来抵抗叶锈病并提高产能。卡蒂姆种咖啡的特征是树身偏低,果实偏大(见图 3-1-19)。

卡蒂姆种既继承了罗布斯塔种抗病力强的优点,同时也继承了其风味差的基因,另外,早期的卡蒂姆种产能虽大却需遮阴树,否则容易枯萎,可谓外强中干。数十年来,研究卡蒂姆种改良的植物学家很多,业已培育出数十种新品种。

51

图 3-1-19　云南卡蒂姆种咖啡豆

(五)哥伦比亚变种(Variedad Colombia)

哥伦比亚变种是由卡蒂姆种和卡杜拉种杂交培育而成。哥伦比亚为了抵抗叶锈病、提高咖啡产量,于 20 世纪 80 年代开始广泛种植该品种,现在是哥伦比亚最常见的品种,如图 3-1-20 所示。

图 3-1-20　一款经蜜处理法处理后的哥伦比亚变种咖啡豆

因为拥有 1/4 的罗布斯塔种血统,哥伦比亚变种咖啡树不需要遮阴树,能全年采收。哥伦比亚变种有很高的酸度水平,同时也有比较高的甜度和干净度。

第二节　生豆等级

为了使品质好的咖啡豆与品质差的咖啡豆能够区分开来,我们需要对咖啡生豆进行精选和分级。

一、生豆精选步骤

(1)含水率的设定。自然日晒式干燥的咖啡生豆,含水率设定为 10％～13％;水洗式处理的咖啡生豆,含水率设定为 10％～12％。

(2)设定筛选咖啡豆目大小的尺寸,使咖啡豆的大小均匀一致。

(3)确认瑕疵豆、异物混入等状况,进行总数计算。瑕疵豆,指的是全黑豆、局部黑豆、贝壳豆、虫蛀豆、破裂豆、酸豆、未熟豆等。异物,指的是石头、木片、内果皮等。

(4)对烘焙后的咖啡豆进行杯测。各国除了采用独自的杯测法进行评价以外,亦有生产国采用世界精品咖啡协会(SCA)的杯测评分表进行评价。

每个咖啡生产国都有各自正式的质量规格基准以及名称,再者有时为了强调精品咖啡,也有将产地或农园等当成品名。

二、瑕疵豆

没有筛选过就将咖啡生豆送进去烘焙,这样烘出来的豆子,即使采用再好的技术也做不出美味的咖啡。因为在咖啡生豆中时常混入杂质及不良豆,这些不良豆我们称之为"瑕疵豆"。

"瑕疵豆"的类型有哪些?

(一)全黑豆(Full Black)

特征:整颗或局部生豆呈现黑色(见图 3-2-1)。

形成原因:生豆变黑是由于过度发酵,沾上灰尘的杂味、霉酸腐味。

杯中表现:有不舒服的发酵味或臭味、脏味、霉味、酸味和酚味,像医院那种消毒水的味道。

(二)全酸豆、局部酸豆(Full Sour,Partial Sour)

特征:豆子呈现黄棕色或红棕色(见图 3-2-2)。

形成原因:在收成和处理的过程中,豆子产生发酵而被细菌污染,进而形成酸豆。

杯中表现:过度发酵的酸味。

(三)霉害豆(Fungus Damage)

特征:霉害豆初期有黄棕偏红棕色的点,这表示豆子被霉菌孢子侵蚀(见图 3-2-3)。

形成原因:通常是因豆子上有霉菌孢子,采收后被保存在某个温度和湿度下使得霉菌生长进而感染豆子。

图 3-2-1　黑豆

图 3-2-2　酸豆

杯中表现:霉味、酚味,像吃到了一颗坏的炒瓜子,嘴里有明显的粗糙沙砾感和苦味。

图 3-2-3　霉害豆

(四)虫蛀豆(Insect Damage)

特征:通常在咖啡豆的内侧有直径 0.3～1mm 的小黑洞(见图 3-2-4)。

图 3-2-4　虫蛀豆

形成原因:在咖啡农业中虫害造成的危害是最大的,当果实还在树上的时候虫子就已经钻进果实里进行繁殖了。

杯中表现:脏味、酸味、酚味和霉味。

(五)破裂豆(Broken Bean)

特征:破裂豆通常因为氧化而形成暗红色的区域(见图3-2-5)。

形成原因:通常在处理果肉或是在进行去壳处理时,因机器的不正确校正和过度的摩擦(或挤压)而使得豆子发生破裂。

杯中表现:如果有霉变,则有明显的霉味、脏味、酸味和发酵味。

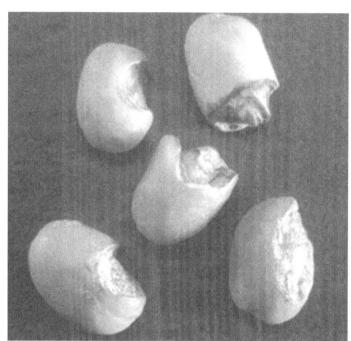

图 3-2-5 破裂豆

(六)未成熟豆(Immature Bean)

特征:未成熟的豆子可通过苍白和黄绿色的外皮或是外皮的白点来分辨。银皮依附比较紧,通常较正常生豆小,豆体内凹,两边缘比较锐利(见图3-2-6)。

形成原因:没有完全生长成熟有很多原因,不适当的采收未成熟的果实和在较高海拔地区产季后期来不及成熟的浆果等,都会形成未成熟豆。

杯中表现:青草味、麦秸味。

(七)贝壳豆(Shell Bean)

特征:贝壳豆是同时由内部或外部分离变形而形成的(见图3-2-7)。

形成原因:主要是由遗传基因的变异造成的。

杯中表现:焦呛味。

图 3-2-6 未成熟豆

图 3-2-7 贝壳豆

（八）漂浮豆（Floater Bean）

特征：外观呈现特别的白色或褪色，而生豆外观会有斑点（见图3-2-8）。

形成原因：不当的存放或晒干方式，通常会导致褪色或豆子密度较低。

杯中表现：根据程度不同，有发酵味、青草味、麦秸味、土味、霉味等。

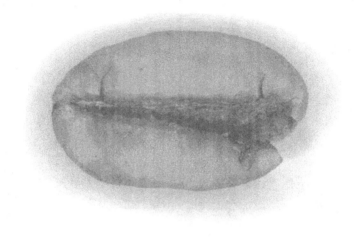

图 3-2-8　漂浮豆

（九）萎缩豆（Withered Bean）

特征：萎缩豆比正常豆要小，而且最显著的特征是有脱水似的那种褶皱状，类似于葡萄干（见图3-2-9）。

图 3-2-9　萎缩豆

形成原因:萎缩豆只在种植过程中产生,大多是由干旱等导致咖啡树发育不良,无法运送所需的养料给咖啡果实。

杯中表现:轻微的青草味、麦秸味。

(十)干果荚(Cherry Pods)

特征:干果荚指的是带有完整或部分果壳而混在咖啡生豆中没有被剔除的瑕疵豆(见图 3-2-10)。干果荚的体积要比生豆大很多,外观颜色为黄褐色到黑红色;如果干燥或者储运过程中条件不当,会更容易感染霉菌而影响其他生豆。

形成原因:在水洗式处理法中,去果皮不当,使得干果荚直接通过,或者在第一步漂洗过程中没有将漂浮的干果荚捞出干净;在日晒式处理法中,不恰当去壳和筛选也会有概率漏掉一些干果荚。

杯中表现:发酵味、霉味和酚味。

图 3-2-10　干果荚

三、分级

将咖啡区分成不同等级,是为了让销售者与消费者能够清楚沟通,不会错买想要的咖啡。

首先要了解一个有关咖啡生豆豆目大小的概念——筛网尺寸。将咖啡生豆通过各种大小的筛网进行选别,筛网尺寸的数字越大表示咖啡豆粒越大。一般来说,咖啡豆粒越大,则表示质量越优良。筛网尺寸与筛孔大小的关系如表 3-2-1 所示。

表 3-2-1　筛网尺寸与筛孔大小

筛网尺寸 No.	筛孔大小/mm	筛网尺寸 No.	筛孔大小/mm
20	7.94	15	5.95
19	7.54	14	5.56
18	7.14	13	5.16
17	6.75	12	4.76
16	6.35		

(一)巴西咖啡的品质标准

巴西依据咖啡豆产地州名、产地地名、豆目大小,以及不良分数将质量分级为 No.2～No.8,其中 No.2 是最高等级。按照"在抽选的 300 克生豆样品中,混入 1 颗黑豆记 5 分,混入 5 颗破裂豆记 1 分"的规则计算不良分数,合计分数较小者则表示质量较好。

(二)哥伦比亚咖啡的品质标准

在哥伦比亚,咖啡豆依据筛网尺寸、产地州别进行质量等级区分。其具体分级标准如表 3-2-2所示。

表 3-2-2　哥伦比亚咖啡分级标准

筛网尺寸及占比	质量等级
大于 No.18(95%以上)	18＋特级(Supremo Screen 18＋)
大于 No.17(95%以上)	特级(Supremo)
大于 No.16(95%以上)	极品一级(Excelso Extra)
大于 No.15(97.5%以上,要求生豆全部手工分拣)	极品二级(Excelso European Preparation,主要用于出口欧洲)
大于 No.14(98.5%以上)	一般(Usual Good Quality)

(三)危地马拉咖啡的品质标准

在危地马拉,咖啡以产地的海拔高度、州名、地名进行质量等级区分,如表 3-2-3 所示。

表 3-2-3　危地马拉咖啡分级标准

产地海拔	质量等级
1372 米以上	极硬豆(Strictly Hard Bean)
1219～1372 米	硬豆(Hard Bean)
1066～1219 米	半硬豆(Semi-Hard Bean)
914～1066 米	特优质水洗豆(Extra Prime Washed Bean)

(四)墨西哥咖啡的品质标准

在墨西哥,咖啡依据产地海拔进行区分,海拔较高者被视为质量较优良,如表 3-2-4 所示。

表 3-2-4　墨西哥咖啡分级标准

产地海拔	质量等级
1700 米以上	极高山豆(Strictly High Grown Bean)
1000～1700 米	高山豆(High Grown Bean)
700～1000 米	标准豆(Standard Bean)

(五)哥斯达黎加咖啡的品质标准

哥斯达黎加依据产地海拔,以及种植地位于太平洋侧还是大西洋侧来判定咖啡生豆的质量等级,如表 3-2-5 所示。

表 3-2-5　哥斯达黎加咖啡分级标准

产地海拔	质量等级
1188～1646 米,位于太平洋侧的斜坡	极硬豆(Strictly Hard Bean)
1006～1188 米,位于太平洋侧的斜坡	高级硬豆(Good Hard Bean)
792～1006 米,位于太平洋侧的斜坡	硬豆(Hard Bean)
488～1006 米,位于太平洋侧与大西洋侧之间	中级硬豆(Medium Hard Bean)
914 米以上,位于大西洋侧	大西洋高海拔(High Grown Atlantic)
610～884 米,位于大西洋侧	大西洋中海拔(Medium Grown Atlantic)
152～610 米,位于大西洋侧	大西洋低海拔(Low Grown Atlantic)

(六)洪都拉斯咖啡的品质标准

洪都拉斯依据产地海拔对咖啡生豆进行等级区分,如表 3-2-6 所示。

表 3-2-6　洪都拉斯咖啡分级标准

产地海拔	质量等级
1500～2000 米	极高山豆(Strictly High Grown Bean)
1000～1500 米	高山豆(High Grown Bean)
700～1000 米	标准豆(Standard Bean)

(七)印度尼西亚咖啡的品质标准

印度尼西亚依据抽选的 300 克咖啡豆样本中所含的不良分数来判定分级,如表 3-2-7 所示。

表 3-2-7　印度尼西亚咖啡分级标准

样本抽选	不良分数	样本抽选	不良分数
G1(Grade 1)	0～3	G4(Grade 4)	26～45
G2(Grade 2)	4～12	G5(Grade 5)	46～100
G3(Grade 3)	13～25		

(八)坦桑尼亚咖啡的品质标准

坦桑尼亚在分级筛选咖啡的时候,除了依据筛网尺寸筛选外,还有一部类似吹风机的设

 咖啡文化

备(Air Blast),将重量轻的咖啡生豆吹出,把咖啡生豆分成重豆和轻豆。再依据大小、瑕疵豆的混入程度等来判定最终等级,如表3-2-8所示。

表 3-2-8　坦桑尼亚咖啡分级标准

重豆		轻豆	
等级	筛网尺寸及占比	等级	筛网尺寸及占比
AAA	No. 19 以上	PB	圆豆占 95% 以上,漂浮豆占 10% 以下
AA	No. 18 占 90% 以上,No. 17 占 8%～10% 以下,No. 15 不超过 2%	E	No. 18 占 90% 以上,No. 18 以下不超过 10%,不得有低于 No. 15 的咖啡生豆
A	No. 17 占 90% 以上,No. 14 不超过 2%	AF	No. 17 占 90% 以上,No. 15～No. 16 占 10% 以下,No. 14 不超过 2%
B	No. 15～No. 16 占 90% 以上	TT	No. 15～No. 16 占 90% 以下,No. 14 不超过 10%
C	No. 14 不超过 10%	F	以上所述所有等级以外的残豆

第四章　咖啡烘焙

烘焙咖啡的总体风味是由咖啡豆烘焙形成的特征性香气,以及咖啡因、多酚类化合物和羟胺反应形成褐变产物的苦涩味感,加上柠檬酸和苹果酸等有机酸的酸味三者共同组成的。

咖啡品种、烘焙程度以及加工方法等都会对烘焙咖啡的风味产生影响。相关研究结果表明,在咖啡风味物质中,部分醛类物质具有水果风味,酮类化合物具有黄油风味,吡嗪类化合物具有泥土/发霉、烘焙/烧焦、木材/纸质的风味。

从挥发性质来分,烘焙咖啡风味物质主要可以分为挥发性风味化合物与非挥发性风味化合物两大类。

咖啡风味主要是在烘焙过程中产生的,由不同浓度的挥发性香气物质组成。目前,研究者已经在烘焙咖啡风味物质中鉴定出 900 多种香气成分,但并不是每种化合物都是特征性香气成分。烘焙咖啡的特征性香气成分有 28 种,其中,23 种特征性香气成分具有甜味/焦糖味、泥土味、烘焙味、烟熏味和酚类化合物的气味,这些气味被用于描述咖啡香味;5 种特征性香气成分具有水果香味与类似呋喃酮类化合物的辛辣味,它们属于烘焙咖啡的有效气味。

第一节　烘焙机的热传导方式

热量传递的方式有三种——热传导(Heat Conduction)、热对流(Heat Convection)和热辐射(Heat Radiation),如图 4-1-1 所示。

热传导是指当热由热源传导过去,导致周遭的分子振动,并放出热能,由高温处渐渐移往低温处。

热对流是指当物质被加热时,流体物质或气体因受热体积膨胀、密度减小而上升,其位置由周围较冷、密度较大的流体交换补充,之后再受热上升,周围物质又补充进来。如此循环不停地加热运动即为对流。

热辐射不需要任何的媒介,热量可直接辐射至物体将其加热。

在咖啡烘焙的具体操作上往往视当时的环境条件,用两种或三种方式同时进行烘焙。

烘焙机依咖啡生豆的加热方式主要可分成直火式和热风式和半直火半热风式。

再者,依据热源种类亦可区分成炭火烘焙机、电热式烘焙机、远红外线烘焙机、蒸汽加热烘焙机等,各式各样不同特色的烘焙机都有。

我们主要根据加热方式的不同对烘焙机进行分类研究。

图 4-1-1　热能的三种传递方式

一、直火式烘焙

将咖啡生豆加热的滚筒上钻有网状孔洞,处于滚筒下方的热源直接对咖啡生豆加热,这种烘焙方式称为直火式烘焙,如图 4-1-2 所示。

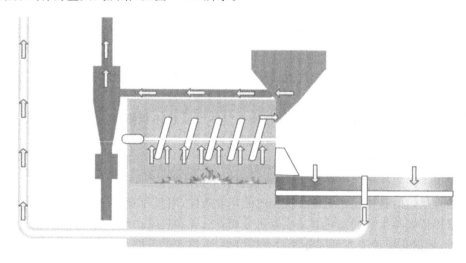

图 4-1-2　直火式烘焙

直火式烘焙需要视火力状况来增减火力,而且加热后的滚筒会直接接触咖啡豆,所以直火式烘焙比起热风式烘焙更容易传递热能,同时烧焦生豆的风险更高(见图 4-1-3)。直火式烘焙较耗费时间,难以将水洗式处理豆与日晒式处理豆这两种处理方式产生的特色风味表现出来。

图 4-1-3　直火式烘焙在日本比较受欢迎,甚至有炭火加热的烘焙机

图片来源:https://fuji-royal.jp/wp-content/uploads/2020/03/20190528-09-56-50-scaled.jpg.

二、热风式烘焙

热风式烘豆机的燃烧室不在滚筒下方而是另外设置的,将燃烧室所产生的热风送入滚筒锅炉内进行烘焙的方式,称为热风式烘焙,如图 4-1-4 所示。

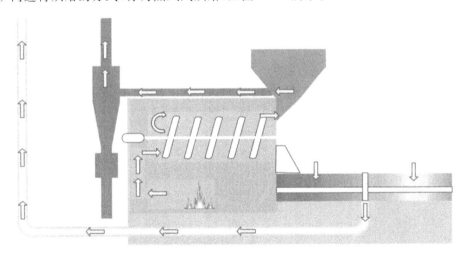

图 4-1-4　热风式烘焙

利用热风加热,温度即使提升也不易烧焦生豆,也不易产生色斑,十分适合大批量烘焙时使用。相较于直火式,热风式能在短时间内完成烘焙,且烘焙后的咖啡风味也更为温润(见图 4-1-5)。

还有一种浮床式烘焙机,利用高速的热气,让咖啡豆在烘焙过程中飘浮在烘焙仓中(见图 4-1-6)。

很多浮床式烘焙机不会把熟豆倒出进行冷却,而是在烘焙完成后把室温空气导入烘焙

图 4-1-5　间接加热滚筒的热风式烘焙机 Joper

图 4-1-6　浮床式热风烘焙

仓以此来冷却豆子。这时候烘焙仓的炉壁是热的,冷却过程会比较缓慢。虽然过高的风速容易带走咖啡的风味,但浮床式烘焙机较容易烘焙出干净度高的咖啡。有些便携浮床式热风烘焙机,如 Ikawa(见图 4-1-7),由于小巧,深受需要出入产地的寻豆师的青睐。

图 4-1-7　Ikawa 便携浮床式热风烘焙机

除了这两种热风式烘焙机,还有一种回流式热风烘焙机。回流式热风烘焙机会把一部分排出的热风回流到燃烧室,更加科学合理地使用热能(见图 4-1-8)。

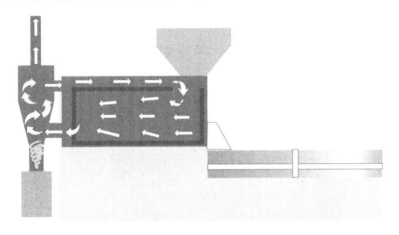

图 4-1-8　回流式热风烘焙

回流式热风烘焙方式有着节能、稳定的优点,可以实现大规模自动化生产。不过也因为热风是循环利用的,这就使得烘焙出的咖啡容易产生烟熏风味。如图 4-1-9 所示,Loring 是典型的回流式热风烘焙机。

三、半直火半热风式烘焙

从由铁板卷起来的滚筒下方加热,透过铁板加热的同时,从滚筒后方的铁网孔洞将热风带来的热能也送入滚筒内部进行烘焙的方式,称为半直火半热风式烘焙(见图 4-1-10)。该类型烘焙机的内部构造与直火式烘焙机相同,还会再给予热风,因此热效能比直火式好一些。

烘焙结束后,咖啡豆被倒入冷却室,下面的强力风扇会通过迅速搅拌来冷却熟豆。

图 4-1-9　Loring 烘焙机

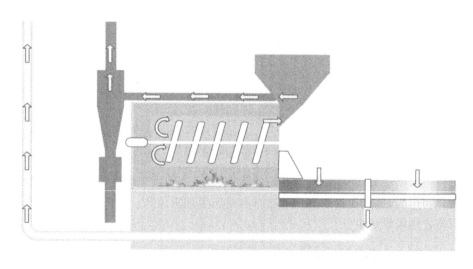

图 4-1-10　半直火半热风烘焙

Giesen 是半直火半热风式烘焙机的典型代表,如图 4-1-11 所示。半直火半热风式烘焙机能充分高效利用热能,但若滚筒加热过度,则容易灼伤咖啡豆。

图 4-1-11　Giesen 烘焙机

第二节　烘焙过程

咖啡烘焙过程可以分为预热烘焙机、投豆、回温、转黄、一爆、二爆、下豆和冷却等步骤。下面我们就其中涉及的主要概念展开学习。

一、预热烘焙机

预热本质上是指在烘焙机的滚筒中装载和储存热能。如果滚筒没有预热到正确的温度，在之后的烘焙过程中就会减少热量传导到咖啡生豆上。在这种情况下，就可能被迫应用更多的火力进行补偿。然后，当滚筒达到目标温度时，就需要降低火力。依靠不同水平的导热和对流热，不同批次的咖啡在烘焙中难以取得一致的效果。简而言之，预热烘焙机是为了让不同批次的烘焙在尽量一致的环境下进行，这是稳定出品质量的重要保证。

烘焙机的预热时间和温度因型号而异。样品烘焙机可能只需要 10 分钟进行预热，以确保在整个过程中有足够的热量分布，而一个容量 100kg 的烘焙机可能需要一个小时的预热时间。

二、回温点

当咖啡豆被放入烘焙机时,滚筒中的温度会下降,然后咖啡豆温度会开始上升,这个节点就是回温点,即返回温度点(见图 4-2-1)。

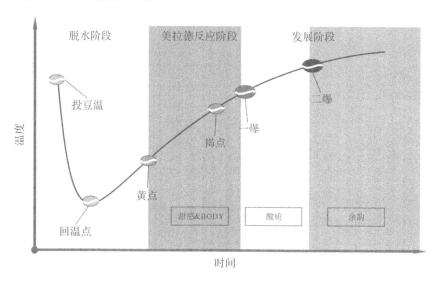

图 4-2-1 烘焙曲线

在商业烘焙中,为了重现烘焙的程度,从咖啡生豆的品种、批次、含水率到烘焙过程中的温度变化都必须相同,而回温点也必须相同。大型烘焙机内滚筒的温度容易达到稳定状态,但在小型烘焙机中,生豆投入的季节在夏天与冬天时的回温点很容易发生变化,甚至是同一天的头几次烘焙其回温点也很容易发生变化。

三、爆裂

在烘焙过程中,咖啡豆渐渐转变成咖啡色,"啪叽啪叽"的裂开声便开始作响,此种咖啡豆裂开的现象称为"爆裂"。此声音结束后,再持续烘焙的话,接着又会听到裂开声响。一开始的爆裂称为第一次爆裂,简称"一爆"。一爆是由咖啡烘焙过程中,咖啡豆内产生的水蒸气和二氧化碳膨胀使咖啡豆内部的压力超过细胞壁承受能力而引起的。一爆的发生经过是:爆裂开始→密集爆裂→爆裂结束。

第二次爆裂简称"二爆"。二爆是由一爆后咖啡豆内部又有新的气体物质产生并膨胀使得压力超过细胞壁承受能力而引起的。二爆也是跟一爆相同的流程:爆裂开始→密集爆裂→爆裂结束。

一爆开始后就需要进行烘焙火力的调整或烘焙机内气流(由风门控制)的调整,因此爆裂被视为烘焙过程中观测调整时机的关键,同时也是确认烘焙完成时间的关键。

开始烘焙后,咖啡豆会膨胀,此时细胞构造内部会产生热分解反应,咖啡的芳香成分、香味成分以及二氧化碳就在此时形成。因气体导致豆身裂开的是爆裂,一爆是在接近咖啡豆表面发生的,二爆则是在比一爆更内层处发生的。

四、冷却

当达到目标烘焙程度的时候,就可以让咖啡豆离开烘焙滚筒,这个过程就是下豆。下豆并不是烘焙过程的完结。实际上,如果温度降低太慢,咖啡豆内部残留的温度还会让咖啡豆继续处于烘焙状态。所以如何快速冷却,也是烘焙师要考虑的问题。因为迅速冷却是咖啡品质提升的关键。

冷却的方式主要有两种——空气循环降温冷却和洒水降温冷却。中小规模的咖啡烘焙工厂通常会选择采用空气循环降温冷却方式,如图 4-2-2 所示;大规模的咖啡烘焙工厂则往往采用洒水降温冷却方式。有些小批量精品咖啡烘焙师甚至会尝试用干冰急速冷却,以锁住咖啡的香气。

图 4-2-2　一般 30kg 以下容量的烘焙机还是采用空气循环降温方式进行冷却

五、升温速率

升温速率是咖啡烘焙过程中非常重要的一项动态指标,又称 ROR(Rate of Rise),是测定咖啡豆温度的升温速度。这个是在一段特定时间内测量的,通常在 30 秒到 60 秒之间。如果在 30 秒中 ROR 值为 5,就意味着咖啡豆的温度每 30 秒会增加 5℃。

ROR 曲线在烘焙图表当中,与咖啡豆温曲线相比,会呈现为一条非常不同的线型(见图 4-2-3)。在烘焙开始的脱水阶段,炉内空气温度会呈现负增长率但是炉温与豆温终将中和,这是回温点。从这里开始,ROR 值将会开始呈现上升趋势。

ROR 曲线能够提前提示温度的上升趋势和规律,根据这条曲线,烘焙师可以更大胆地去操作和修改烘焙时的参数,并帮助烘焙师通过调整参数来获得想要的风味。

从回温点到一爆,若参数每分钟的温度上升率是固定的,那就说明这是较稳定的烘焙。一爆以后的温度上升率转为稍微平缓。

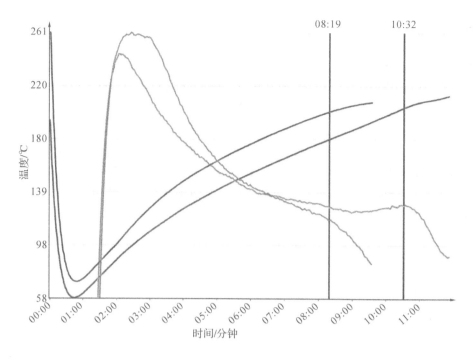

图 4-2-3　与烘焙豆温曲线不同,ROR 曲线在到达峰值之后开始下降

六、标准化烘焙流程

咖啡烘焙是一项充满众多变量、充满创造力的工作。但在生产运行中,稳定性和标准化仍然是重中之重。如何将烘焙流程标准化,我们要注意以下几个方面:各批次间隔时间尽可能相同,各批次咖啡生豆烘焙过程中的失重率尽可能相同,各批次咖啡烘焙曲线尽可能一致。

在咖啡豆的量化烘焙生产中,每一批次的烘焙完成之后,需要间隔相同的时间,使烘焙机恢复到与前一批次烘焙开始时相同的温度环境。

同时,还要跟踪咖啡豆在烘焙过程中的失重情况。烘焙前的生豆原始重量减去烘焙后的熟豆重量,得到的差值再除以生豆原始重量就得到失重率。在其他参数不变的情况下,失重率的变化有助于我们监测各个烘焙批次的质量。

实现咖啡烘焙的一致性可能具有挑战性。在尝试创建完美的烘焙曲线时,需要考虑许多变量。通过了解烘焙过程中的物理变化和化学变化,仔细注意细节和质量控制程序,每次都能达到完美的烘焙效果(见图 4-2-4)。

图 4-2-4　纽约星巴克臻选工坊可以说是标准化烘焙工厂的典范

图片来源：https://www. sohodd. com/wp-content/uploads/2019/01/starbucks-reserve-roastery-interiors-cafe-new-york-city-usa-matt-glac_dezeen_2364_col_0.jpg.

第三节　烘焙过程中的变化

咖啡生豆在成为咖啡熟豆的过程中，不仅会经历物理变化，还会经历化学变化。本节我们重点阐述这些具体的变化内容，并了解烘焙师可以通过哪些因素来控制这些变化。

一、烘焙过程中的物理变化

(一)重量和体积

(1)重量变化。烘焙过程会让咖啡豆的质量减少 $12\%\sim32\%$。且比起浅焙，深焙的豆子质量会变得更轻。这是因为烘焙过程不只会导致水分散发，连同银皮、细小碎屑等也会失去，进而导致重量减少。

(2)体积变化。烘焙后，咖啡豆的体积就会膨胀为约 1.5 倍大。咖啡豆的组织在烘焙过程中变成"蜂巢构造"。这是由于结构变成许多小孔连在一起宛如蜂巢般的组织构造，因此称之为蜂巢构造。这些小孔洞会随着烘焙过程逐渐变大，因此体积增加(见图 4-3-1)。

(二)形状和声音

在咖啡烘焙过程中，豆子中逐渐产生水蒸气和二氧化碳，这些气体使咖啡豆内部的压力增强，导致咖啡豆膨胀。由于咖啡豆无法承受逐渐增加的压力，细胞被破坏，产生第一次爆裂。第一次爆裂结束后，豆体会稍扩大一点。这个过程中，会有气体产生，使豆子继续膨胀。细胞再一次被破坏，产生第二次爆裂。在第二次爆裂结束后，豆体会扩大更多(见图 4-3-2)。

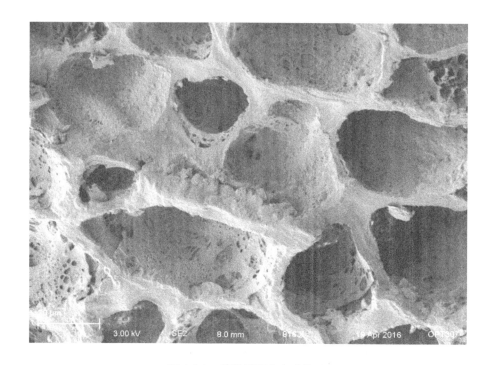

图 4-3-1 显微镜下的咖啡熟豆

图片来源:http://www2. optics. rochester. edu/workgroups/cml/opt307/spr16/beckah/.

图 4-3-2 豆形变化

图 片 来 源:https://i1. wp. com/productcharles. com/wp-content/uploads/2015/12/photo-1447753072467-
2f56032d1d48. jpg? fit=3048%2C2286&ssl=1.

由于仅依靠温度数据的拾取和分析不能完全把控咖啡烘焙的过程,所以烘焙师还会通过烘焙机的观察口来观察咖啡豆颜色和体积的变化,通过声音来判断咖啡豆密度的变化,通过气味来判断咖啡豆内部化学反应的程度和阶段。

当生豆被放入烘焙机时,因为豆子富含水分,生豆在烘焙机的滚筒中相互撞击的声音是一种坚硬的声音。

一旦水分减少,它就会变成更柔和的"沙沙"声。

当水分变更少时,豆子互相撞击的声音就会变成坚硬的声音。

然后就会有一个"啪"的声音,这就是所谓"一爆",也意味着完成从生豆到熟豆的转变。

一爆后,继续烘焙,会产生"噼里啪啦"的声音,此即"二爆"。

烘焙师在烘焙过程中,可以通过咖啡豆形状和烘焙声音的变化来判断烘焙的阶段。

二、烘焙过程中的化学变化

(一)美拉德反应

美拉德(Maillard)反应亦称非酶棕色化反应,是广泛存在于食品工业中的一种非酶褐变反应,是羰基化合物(还原糖类)和氨基化合物(氨基酸和蛋白质)之间的反应,经过复杂的历程最终生成棕色甚至是黑色的大分子物质类黑精,故又称羰氨反应。该反应于 1912 年由法国化学家路易斯·卡米尔·美拉德(Louis Camille Maillard)提出。

美拉德反应按其本质而言是羰氨间的缩合反应,它可以在醛、酮、还原糖及脂肪氧化生成的羰基化合物与胺、氨基酸、肽、蛋白质甚至氨之间发生反应,热反应可以促使美拉德反应形成。其化学过程十分复杂。目前对该反应产生低分子物质和中分子物质的反应机理比较清楚,而对高分子聚合物的反应机理仍没有令人满意的解释。食品化学家 Hodge 认为,美拉德反应过程可以分为初期、中期和末期三个阶段,每一阶段又可细分为若干反应。

1.初级阶段

氨基化合物中的游离氨基酸与羰基化合物中的游离羰基缩合形成亚胺衍生物,该产物不稳定,随即环化成 N-葡萄糖基胺。N-葡萄糖基胺在酸的催化下经 Amadori 分子重排生成有反应活性的单果糖胺。此外,酮糖还可与氨基化合物生成酮糖基胺,而酮糖基胺可以经过 Heyenes 分子重排异构成 2-氨基-2-脱氧葡萄糖。美拉德初级反应产物不会引起食品色泽和香味的变化,但其产物是非挥发性香味物质的前体成分。

2.中级阶段

在此阶段,Amadori 化合物通过三条不同的反应路线:一是在酸性($pH \leqslant 7$)条件下进行 1,2-烯醇化反应,经过 1,2-烯胺醇、3-脱氧-1,2-二羰基化合物,最终生成羰基甲基呋喃醛或呋喃醛;二是在碱性条件下进行 2,3-烯醇化反应,产生还原酮类及脱氢还原酮类;三是继续进行裂解反应,形成含羰基或二羰基化合物,或与氨基进一步氧化降解,在史崔克降解中,α-氨基酸与 α-二羰基化合物反应,失去一分子 CO_2 降解成为少一个碳原子的醛类及烯醇胺,各种特殊醛类是造成食品不同香气的因素之一。

3.最终阶段

该阶段主要为醛类和胺类在低温下聚合成为高分子的类黑精。此阶段反应相当复杂,其反应机理尚不清楚。除类黑精外,还会生成一系列美拉德反应的中间体还原酮、醛类及挥

发性杂环化合物。主要有史崔克降解产物氨基酮,而氨基酮经异构为烯胺醇,再经环化形成吡嗪类化合物。

（二）热分解

热分解是指加热升温使化合物分解的过程。这一过程主要取决于美拉德反应。氨基酸与碳基分子发生反应,生成醛和酮等化合物。咖啡生豆里还有一种很重要的成分——咖啡单宁酸,也就是绿原酸。绿原酸会分解成挥发性酚(见图 4-3-3),葫芦巴碱会分解成吡啶等,脂类会分解成挥发性萜烯。当然作为烘焙师,我们不需要确切地了解这些化合物是什么,但需要认识到的重要一点是,这种反应对产生香气和风味化合物至关重要。

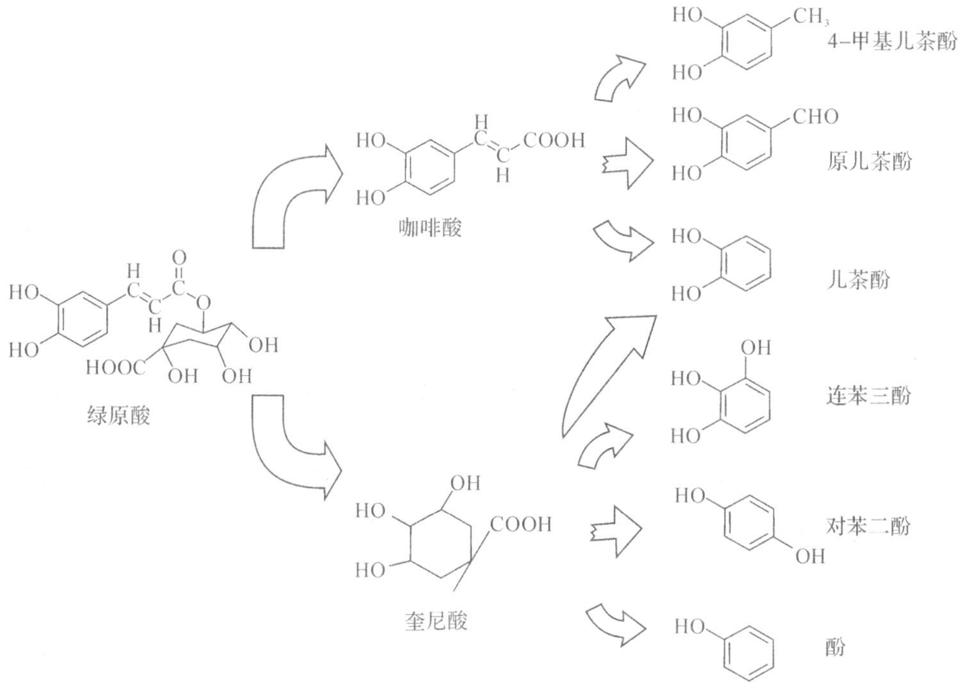

4-甲基儿茶酚

原儿茶酚

咖啡酸

儿茶酚

绿原酸

连苯三酚

对苯二酚

奎尼酸

酚

图 4-3-3　绿原酸热分解生成挥发性酚

（三）焦糖化反应

糖类化合物在没有氨基化合物存在的情况下,当加热温度达到一定时,即发生脱水或降解,然后进一步缩合生成黏稠状的黑褐色产物,这类反应称为焦糖化反应。焦糖化反应会生成两类物质:一类是糖脱水聚合产物;一类是降解产物,主要是一些挥发性的醛、酮等。它们给食品带来令人愉悦的色泽和风味,这种反应一直持续到烘焙咖啡的结束,有助于增加咖啡中的香甜风味,如焦糖味和杏仁味。

（四）物质形成

烘焙过程中的化学反应会生成数十种新的化合物。这些新形成的物质又分为挥发性化合物和非挥发性化合物。一般来说,挥发性化合物对香气影响较大,一些非挥发性化合物会对香气也有贡献。那么它们是什么呢?

挥发性化合物是指在常温下,沸点 50～260℃ 的各种有机化合物。其中许多是在史崔

克（Strecker）降解中，即在烘焙的发展阶段形成的。当产生香气的挥发性化合物散去时，我们会体验到这种标志性的咖啡气味。其中包括：

醛——果味、植物类香气；

酮——香菇、花香、水果和枫糖等风味；

呋喃——焦糖、热带水果风味；

土臭素——泥土的味道。

非挥发性化合物在室温下是稳定的物质，就是说，它们不会蒸发。其中一些化合物在烘焙过程中会发生变化，而另一些化合物则保持稳定。许多非挥发性化合物有助于风味呈现。

例如咖啡因，它会产生一些苦味。咖啡因在咖啡中自然发生，在烘焙过程中保持不变。其他非挥发性化合物还包括提供甜味的蔗糖、提供醇厚度和口感的脂质，以及产生颜色和醇厚度的黑色素。

酸在创造风味方面起着重要作用，酸对热敏感。烘焙可以降解一些酸，并产生其他酸。例如，在烘焙过程中，产生果味和甜味的柠檬酸和酒石酸被分解，因此长时间或过高温度的烘焙会大大降低最终呈现的甜度。

咖啡含有大量的绿原酸，经热分解形成咖啡酸和奎尼酸。绿原酸和由此产生的奎尼酸都被认为会给咖啡带来苦涩。

咖啡烘焙过程中会发生许多化学变化，有助于形成咖啡最终的味道、香气和醇厚度。其中许多反应对温度变化和暴露在高温中的时间长度很敏感。因此，烘焙技术的微小变化会对结果产生深远的影响。

了解烘焙过程中的变化，并了解这些变化发生的原因可以帮助咖啡师做出更明智的选择。如果你明白了在这个过程中化合物是如何产生和变化的，那么你就可以更好地了解不同批次咖啡出现的问题。

三、烘焙过程的变化量

我们知道，烘焙的基本原理是诱导咖啡生豆的物理和化学变化。那么，哪些因素可以影响这些变化呢？

（一）时间

烘焙时间与咖啡生豆的物理变化和化学变化有相当密切的关系。烘焙时间越长，越能扩张生豆内的细胞组织，越能萃取出咖啡里的风味物质。很多化学反应需要在一定的温度下才能进行（无论达到这个温度需要多长时间），否则反应将无法彻底完成。举例说明，假设导致生豆发生化学变化的碳水化合物和蛋白质的含量是10％，开始化学反应需要的温度是150℃。如果烘焙时间太短，烘焙仓未能达到150℃，只有5％碳水化合物和蛋白质发生了化学变化，则剩下的5％将留在豆子里，直到烘焙结束，成为生豆持续变化的因素。再举个例子，高密度的咖啡生豆在高温状态下进入烘焙机，如果进行快速烘焙，物理上的变化是生豆体积的膨胀量大，更容易萃取，但绿原酸等化学成分不能发生化学变化，导致酸味和涩感出现；如果进行慢速烘焙，烘焙出的咖啡豆的酸味就会下降（不同烘焙时间下的烘焙曲线参见图4-3-4）。可见，烘焙时间的调整可以改变咖啡熟豆的出品呈现。在烘焙过程中，咖啡的风味会根据美拉德反应和焦糖化反应的比例而不同。

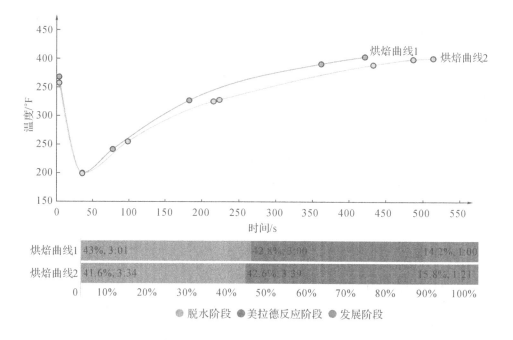

图 4-3-4　不同烘焙时间下的烘焙曲线

注:在咖啡烘焙过程中,不同阶段的时长占总时长的百分比也会影响最终生成物质的配比。

(二)排气

排气与热空气速度有关。当保持一定的热能时,滚筒中的热空气速度越快,内部温度就越低。当热能足够时,需要迅速调整风速,以缩短烘焙时间,如果热能不足,风速仍处于快速状态,生豆内外温差会增大,对咖啡味产生负面影响。

此外,当风速加快时,滚筒的内部压力降低,生豆周围的空气流动加速,生豆内部迅速形成高压,气体和香气分散,使生豆处于最佳状态。相反,如果风速慢,滚筒内形成高压,内部烟气和热空气不易分散,将产生不良结果。在烘焙时,必须掌握排气和热流的原因就在这里。咖啡烘焙机的排气管如图 4-3-5 所示。

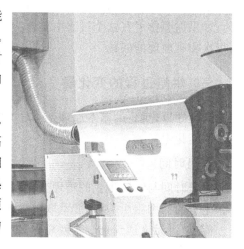

图 4-3-5　咖啡烘焙机的排气管

(三)烘焙量

在烘焙时,我们还必须考虑烘焙机的自身容量、热源的类型、滚筒的储热状态,以确定咖啡生豆的投入量。以烘焙机的最大容量长期进行烘焙,热量会不足,但火力已达到最大值,无法调整重量和容量。虽然可以调整排气量,提高咖啡生豆投入时的温度,但调整的结果是咖啡豆更容易出现烧焦。因此,最好的方法是减少咖啡生豆的投入量。有经验的咖啡烘焙师通常会使用烘焙机容量 80% 的投豆量,这样可以达到更好的烘焙效果。

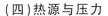

(四)热源与压力

一般商用半直火半热风式烘焙机的热源为燃气。燃气主要分为液化天然气和液化石油气。这两种燃气的火焰稳定性不同,从而影响热能供给和烘焙时间。当天气很冷,或者烘焙室氧气不足时,热能会减少,烘焙时间会拉长。因此,烘焙程度与咖啡风味也会发生变化。为了解决这类问题,燃气管道需要安装一个调节器,通过调节压力,以保持一定的燃气供应速度,从而保证稳定的热能供给。

当然,烘焙机的热源还可以是电力、木炭等。通过改变温度,给咖啡生豆施加能量,以促成咖啡生豆内外部的化学和物理变化,从而得到高品质的咖啡熟豆。

综上可知,我们可以通过调节热源、压力、烘焙量、排气和烘焙时间等来控制咖啡豆的物理和化学变化程度以及比例,以完成咖啡烘焙的个性化设置和标准化生产。

第四节　咖啡烘焙程度

烘焙程度是检测咖啡烘焙结果的一项重要指标。由前文我们可以得知,烘焙过程中,咖啡豆颜色会随着烘焙进程的变化而发生改变。因而,咖啡行业内会依据咖啡豆的颜色来标示咖啡烘焙程度。但是长期以来,对咖啡烘焙程度的划分并没有一个统一的标准。后来,美国精品咖啡协会采用内华达州 Agtron 公司所销售的食品用分光光度计来测定咖啡的烘焙程度。它能通过红外线照射烘焙咖啡豆时的反光效果来产生一个数值,业内称其为分光光度计指标(Agtron Scale,也称为色度),通过 Agtron 数值区间来定义烘焙程度,烘焙程度越深,数值越小。这可算作国际上的科学评判标准。下面,我们开始分析四个主要的烘焙程度。

一、浅度烘焙(Light Roast)

颜色:浅棕色(见图 4-4-1)。
表面:干。

图 4-4-1　浅度烘焙

Agtron 值:70～80。

其他名称:肉桂烘焙、半城市烘焙、新英格兰烘焙等。

烘焙参数:通常烘焙到 180～205℃ 的内部温度,就在第一次爆裂之前。

风味:浅度烘焙保存了原产地咖啡的味道和质量,因为焦糖化的过程在停止烘焙时才刚刚开始。

二、中度烘焙(Medium Roast)

颜色:中度棕色(见图 4-4-2)。

表面:干。

Agtron 值:50～70。

其他名称:常规烘焙、城市烘焙、美国烘焙等。

图 4-4-2　中度烘焙

烘焙参数:通常烘焙到 210～220℃ 的内部温度,就在第一次爆裂结束后、第二次爆裂之前。

风味:随着焦糖化过程从浅度到中度的进一步发展,咖啡表现出更平衡的香气、香味和酸度。由于其平衡的特点,中度烘焙咖啡通常用于精品咖啡的杯测,以确定不同的风味品质。

三、中深烘焙(Medium-Dark Roast)

颜色:中度深棕色(见图 4-4-3)。

表面:斑驳油点。

Agtron 值:40～50。

其他名字:全城市烘焙、维也纳烘焙等。

烘焙参数:通常在第二次爆裂开始时或中间烘焙至 225～230℃ 的内部温度。

风味:进入中深烘焙后,酸度开始消失,同时增加了烘焙味。中深烘焙咖啡通常与牛奶搭配,因为它有明显的烘焙味道和浓稠的口感。

图 4-4-3 中深烘焙

四、深度烘焙(Dark Roast)

颜色:深棕色(见图 4-4-4)。

表面:油光。

Agtron 值:35~40。

其他名字:深烘焙、意浓烘焙、法式烘焙、意式烘焙等。

烘焙参数:通常烘焙到 240℃ 的内部温度,大约在第二次爆裂的末端。

图 4-4-4 深度烘焙

　　风味:最低限度的酸度和原产地的风味。烤面包味和苦味占主导地位。与中深烘焙相比,口感略有减少。深度烘焙的咖啡不应被误认为是烧焦的咖啡。一个好的深度烘焙可以展示巧克力苦甜参半的味道,而没有烧焦咖啡的烟熏和灰烬的味道。

　　了解不同烘焙程度对咖啡的影响是每位咖啡烘焙师进入精品咖啡世界的至关重要的第一步。

　　需要注意的是,由于不同的标准,同一个烘焙程度的定义可能存在较大的差异。因此,烘焙程度只能作为一个参考指标,来帮助咖啡烘焙师更好地确定自己的喜好。一旦确定了自己喜欢的烘焙程度,咖啡烘焙师就可以继续探索其他的咖啡参数了(见图 4-4-5)。

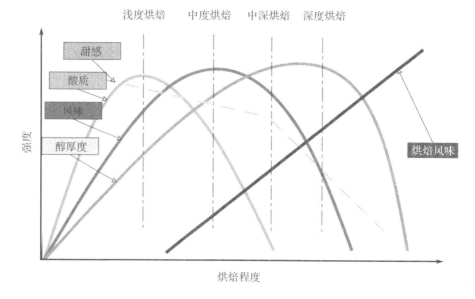

图 4-4-5　烘焙程度和咖啡感官变化之间的关系

第五章 咖啡评鉴

第一节 味觉与嗅觉

一、味觉

味觉是对味道的感受。味觉感受器——味蕾主要位于舌上，软腭、会厌和咽的上皮内也有少量存在。味蕾是由味觉细胞和支持细胞所组成的卵圆形小体。味蕾顶端有一小孔，称为味孔，与口腔相通。当溶解的食物进入小孔时，味觉细胞受刺激而兴奋，经神经传到大脑而产生味觉。大多数味蕾存在于舌头表面突出的结构，被称为舌乳头之中，一个人的舌头上有四种不同的舌乳头——菌状乳头、叶状乳头、轮廓乳头和丝状乳头（见图5-1-1）。

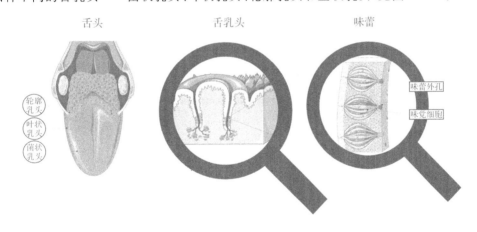

图 5-1-1　味觉器官

一般情况下，我们可以识别五种基本味道：甜、咸、酸、苦、鲜。

（1）甜。这是糖溶液、醇类、部分酸等物质给人的味觉感受，主要由位于舌尖的菌状乳头识别。

（2）咸。这是氯化物、碘化物、溴化物、硝酸盐和硫酸盐的水溶液等物质给人的味觉感受，由位于舌头前端两侧的菌状乳头和叶状乳头识别。

（3）酸。这是酒石酸、柠檬酸和苹果酸的水溶液等物质给人的味觉感受，由位于舌头后端两侧的叶状乳头和菌状乳头识别。

（4）苦。这是奎宁、咖啡因和其他生物碱的水溶液等物质给人的味觉感受，主要由位于

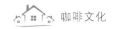

舌根部的轮廓乳头识别。

（5）鲜。这是氨基酸系调味料的一种——L-谷氨酸所带来的味觉感受。

一个人平均有 3000～10000 个味蕾，具体数量因人而异，味蕾分布数量越多的人味觉也就越灵敏，不过大部分人的味蕾分布数量是接近的。

二、嗅觉

嗅觉是一种由感官感受到的知觉，整个感受过程由嗅神经系统和鼻三叉神经系统参与。位于鼻黏膜上的嗅觉受体受到通常含有 H、C、N、O、S 等原子的挥发性化学物质的刺激。当我们嗅出气味时，这些化学物质以气体的形式被吸入鼻腔，与嗅觉受体接触，当我们吞咽气味时，这些化学物质以气体的形式被呼出至鼻腔，与嗅觉受体接触。嗅觉受体细胞可以感觉到数千种不同的气味，平均每人能感受出 2000～4000 种不同的气味。在正常的呼吸过程中，空气不会与嗅觉受体细胞发生接触。但是嗅探或吞咽可以推动空气通过鼻腔通道，那里是嗅觉感受区域。人的嗅觉感受区域包含嗅觉受体细胞、嗅小球、嗅球、僧帽细胞等（见图 5-1-2）。人类含有 100 万～200 万种嗅觉受体细胞。人的嗅觉灵敏度千差万别，且受外界因素影响，如个体的解剖构造、生理和心理状况等。这就是为什么不同的人在喝相同温度的同一种咖啡时感受到的芳香特点会略有不同。同样地，同一个人在不同的时间喝同一种咖啡也会略感不同。通常，咖啡杯测师依赖于其在多年杯测过程中所高度开发的嗅觉记忆，而非依赖于其对特定芳香刺激物的高嗅觉灵敏度。

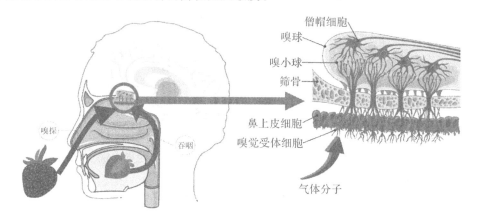

图 5-1-2 嗅觉器官

咖啡的芳香族化合物按成分的来源，可分为以下三类。

第一组，酶促反应生成物。当咖啡豆还有活性时，酶会在其体内发生反应，酶促反应的生成物会形成该组的芳香族化合物。它们主要是最易挥发的酯和醛，通常出现在新鲜磨碎咖啡的干香味中。

第二组，焦糖化反应生成物。该组由咖啡豆烘焙过程中的焦糖化反应产物组成，基本分为坚果组、焦糖组和巧克力组。该组芳香物质挥发性适中，出现在新煮咖啡的湿香气和吞咽后的风味气中。这些芳香族物质（醛、酮、羰基化合物和吡嗪化合物）及其味道特性构成了每种咖啡豆的主要风味特性，它们是区分咖啡和类似产地的主要依据。

第三组，干馏反应生成物。该组由咖啡纤维发生的干馏反应产物构成，主要包括杂环化合物、腈类化合物等,它们不易挥发,常见于新鲜冲泡的咖啡的余韵中。该组包括三个基本组:松脂组、香辛料组和碳化组。

第二节　评鉴要素

品鉴咖啡要从嗅觉、味觉和口感三方面进行,才能完整地感受咖啡的整体特征。

一、嗅觉描述

嗅觉指嗅觉器官的感觉。在咖啡评鉴过程中,嗅觉需要对咖啡香品质进行判定。咖啡香由三部分组成:

干香(Fragrance)——从新鲜研磨的咖啡中散发出的气体;

湿香(Aroma)——从新萃取的咖啡里散发出的气体;

余韵(Aftertaste)——吞咽咖啡后留在口中的余味。

品尝咖啡时,细细体味咖啡香在不同阶段的特点,揭示不同阶段的咖啡香特征,是准确评估一种咖啡芳香特征的关键。

(一)干香

咖啡豆被研磨时,其纤维被加热、破裂,释放出二氧化碳。二氧化碳萃取出其他有机物,并使它们在室温下变为气态。这些气体的主要成分是酯类。酯类是构成咖啡香气的主要成分。通常,咖啡的香气带有香甜味,类似某些花的香味。另外,咖啡香气还带些辛辣味,有点像甜香料。

(二)湿香

咖啡粉末与热水接触,水的热量把咖啡粉纤维中的有机物从液态变为了气态。这些新释放出的气体的主要成分是大分子物质(如酯、乙醛和酮)。它们是形成咖啡香味的主要成分,也是咖啡香中最复杂的气体混合物。

总的说来,萃取咖啡的香味是水果味、草味和坚果味的综合。通常以水果味或草味为主。另外,如果咖啡吸附其他气味,则这些气味很容易显现在新鲜萃取的咖啡里。

(三)余韵

余韵的字面意思是:在舌头的味觉逐渐消失时口腔里的感觉。把咖啡吞咽进喉咙,如在杯测咖啡的过程中,把空气从咽喉挤压进鼻腔时,在上颚的一些较重的有机物就会汽化、蒸发,这些气体构成了余韵的主要成分。

咖啡豆中的纤维成分经烘焙后,形成许多大分子化合物。其气味类似木头,或是与木头相关的副产品,如松节油、木炭等。这些气化化合物通常带有辛辣味,类似于某些种子或香料,或许还带点巧克力苦味。苦味是因为在烘焙过程中形成了对二氮杂苯化合物。

若是精确地选择了描述咖啡的香气、香味及余韵三方面的词汇,就可以定义一种咖啡的芳香特征。除此三个方面,咖啡香还包括另外一个方面:强度(Intensity)。强度描述的是组成咖啡香的有机化合物的丰富程度(Fullness)和力度(Strength)。咖啡香既丰富又有力度的咖啡是浓郁的。

所以,要对某种咖啡的芳香特征进行系统描述,就必须包括对咖啡香里所有组成部分的描述。同时,还要包括对烘焙后咖啡所呈颜色的描述。因为在描述咖啡香的时候,咖啡烘焙的深浅程度与咖啡的原产地一样重要。

二、味觉描述

味觉是味道的感觉。人们能分辨出的五种基础的咖啡味道分别是:甜、咸、酸、苦和鲜。其中甜、咸、酸三种味道决定了咖啡的整体味道,主要因为产生这三种味道的化合物在咖啡里所占比例最大。

(一)混合味道

混合味道通过被称为味道混合的过程,几种基础味道互相作用,依照它们的相对强度,而形成新的味道。在咖啡味觉里,通过不同味道的结合,能生成以下六种新的味道(见图 5-2-1)。

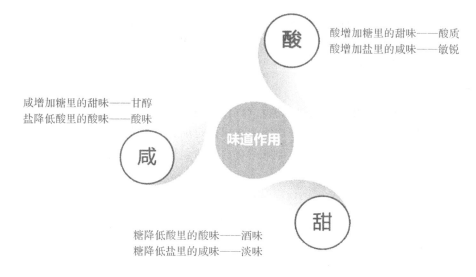

图 5-2-1 混合味道

(1)酸增加了糖里的甜味——酸质。这主要由舌尖感觉到。咖啡中的酸与糖相融合,增加了咖啡的整体甜度。

(2)咸增加了糖里的甜味——甘醇。这主要由舌尖感觉到。咖啡中的咸与糖相融合,增加了咖啡的整体甜度。

(3)糖降低了酸里的酸味——酒味。这主要由舌后部边缘部位感觉到。咖啡中的糖与酸相融合,降低了咖啡的整体酸味。

(4)糖降低了盐里的咸味——淡味。这主要由舌前部边缘部位感觉到。咖啡中的糖与咸相融合,降低了咖啡的整体咸度。

(5)酸增加了盐里的咸味——敏锐。这主要由舌前部边缘部位感觉到。咖啡中的酸与咸相融合,增加了咖啡的整体咸度。

(6)盐降低了酸里的酸味——酸味。这主要由舌后部边缘部位感觉到。咖啡中的咸与酸相融合,降低了咖啡的整体酸度。

（二）温度与味道

对味道的区分，取决于咖啡温度的高低。所以在杯测咖啡时，只有按照不同的温度进行品尝，才能对咖啡的总体味道做出最精确的纪录。

第一，温度升高，咖啡的甜味相对降低。同时在较高温度时，咖啡里的糖的作用降低很多，使得咖啡中的酸度或甘醇厚度产生很大的变化。

第二，温度升高，咖啡的咸味相对降低。当咸味的作用降低时，淡味和刺激程度表现出一定的变化。

第三，温度的变化不会影响咖啡的相对酸味。所以，酒味和酸味在温度改变时只有很小的变化，因为果酸成分是不易受温度影响的。

三、口感描述

口感是指在摄入食物或饮料的过程中或以后口中的感觉。被抽取的样品的浓度、黏性和表面张力以及其他成分的物理、化学特征引发出口中的这一系列感觉。口中的软组织有一个游离神经末梢系统，以及封闭的和不封闭的神经中枢，这些游离的神经末梢对接触、轻压以及热、化学和机械刺激做出反应。

对于食物或饮料的"感觉"特征，通常是衡量它们质量的重要方面之一。用嘴来测量它们的硬性、软性、多汁性和油性，与用手指来测量的机会不相上下。在感受过程中，食物或饮料能否持续释放出味道，在生理与心理上都是很重要的。如果食物或饮料在被摄入之前口感就消失或消耗殆尽，那么，人们就会产生一种拒绝食用或饮用这一食品或饮料的冲动。

对于咖啡来说，口腔上颚的触觉来自不溶于水的液体成分——咖啡油脂，以及不溶于水的固体成分——咖啡萃取完毕以后悬浮在咖啡液中的沉淀物。除了为咖啡的整体口感提供质感以外，咖啡中的悬浮物还通过形成胶状体进而影响咖啡味道。

（一）咖啡油脂

咖啡生豆里含有 $7\%\sim17\%$ 的脂肪，这些脂肪产生于咖啡树，贮存在咖啡豆中，为咖啡豆的发芽提供养料。通常在高于室温时，植物脂肪会变成油。

在咖啡的整体味道上，咖啡油脂起着微妙而重要的作用。首先，由于咖啡的油滴悬浮在咖啡液上，降低了咖啡液的表面张力，这使得咖啡口感顺滑，具有乳脂状的质地。其次，这些咖啡油脂带有其他有味道的化合物，正如在火腿和奶酪的烟味里，动物脂肪是这些食物中木质烟味的主要携带者。同样，咖啡脂肪也是影响咖啡的各种特别味觉成分物质的携带者。咖啡放置时间过长后，脂肪的氢化作用和氧化作用会影响咖啡的味道，正如放置在过热、过潮的环境下黄油会变得有哈喇味（变质）一样。

（二）沉淀物

未被溶解的固体物质或沉淀物，主要来自以下两个渠道。

第一，少量的咖啡纤维从咖啡粉表面被冲下并悬浮在水中，在重力作用下微小的咖啡纤维颗粒沉淀到了杯底。

第二，不溶解的物质是不溶于水的蛋白质。这些蛋白质来自咖啡生豆里的氨基酸。在烘焙过程中，氨基酸相互结合，组成较大的分子，进而形成了蛋白质。最后，这些蛋白质分子越变越大，以至于不能溶于水。这些蛋白质最后产生咖啡"污垢"，越积越多，最终在萃取咖

啡设备上形成一层深色、油质的沉淀物。

(三)咖啡胶质

悬浮于咖啡液中的油脂和沉淀物相结合,形成咖啡胶质。此胶质在自然条件下是油质性的。它们帮助形成咖啡的质感,正如大气里的水汽与浮尘相结合形成烟云一样。作为胶质,它吸附在并吸收其他物质的味道,对增强咖啡味道产生重要影响。

在吸附的时候,这些胶质粘在芳香化合物的薄层上,使这些气体物质一直留在咖啡液里,直到咖啡被吞咽下去。在吸收功能的作用下,胶质起着缓冲的作用,削弱了酸感的强度。咖啡中的胶质的形成是新鲜咖啡的味道与速溶咖啡存在差别的主要原因。在杯测咖啡时,传统的准备过程极大地保留了咖啡里胶质的含量。

用咖啡过滤纸过滤咖啡会过滤掉咖啡里大部分的胶质微粒。然而如果微粒小于1微米(μm),则可以穿过大多数咖啡滤纸。持续的加热也会破坏咖啡胶质的稳定性。重力会将胶质微粒分开,在咖啡液表面形成一个油状层,而在杯底形成沉淀物。其结果是咖啡直接受热任意一段时间,都会由于咖啡胶质的分离而改变味道。

(四)醇厚度与强度

对咖啡味道的系统描述包括对其"醇厚度"的描述。醇厚度是衡量嘴里的神经末梢对悬浮在咖啡里液体和固体的触感的一项指标。"醇厚度"应该与"强度"区别开来。强度是对咖啡里可溶性成分的数量及种类的测量。强度给咖啡以味道特点,而醇厚度给咖啡以口感特点。萃取出一杯醇厚度很厚重而味道不强的咖啡是完全可能的。

四、品鉴过程

品鉴一杯咖啡,应该像品茶或品酒那样,有个循序渐进的过程,以达到放松、提神和享受的目的。

第一步,闻香。用右手的食指和拇指拿住咖啡杯的杯耳,左手托着咖啡碟,右手持杯送到鼻下体会一下咖啡那扑鼻而来的浓香。

第二步,观色。咖啡最好呈现深棕色,而不是一片漆黑,深不见底。

第三步,品尝。喝咖啡应该像品尝美酒一般细细品味,绝不要匆匆地一饮而尽。

先喝一口冰水,让你的口腔完成清洁。冰水能帮助咖啡味道鲜明地浮现出来,让舌头上的每一颗味蕾,都充分做好感受咖啡美味的准备。然后喝一口咖啡,你所喝的每一杯咖啡都是经过五年生长才能够开花结果的,经过了采收、烘焙等繁复程序,再加上萃取咖啡的人悉心调制而成。要小口地品尝,不要急于将咖啡一口咽下,应暂时含在口中,让咖啡和唾液与空气稍做混合,然后再咽下。

第三节　咖啡杯测

咖啡杯测是用于系统评估咖啡湿香和味道特点的一种方法。该方法包括了规定的冲煮方式和一系列为完成全面感官品评所要遵循的步骤。感官品评通过杯测者运用其嗅觉、味觉和口腔触觉来完成。由于杯测通常与商业目的相关,如购买或拼配咖啡豆,因此要严格遵守规定的步骤和技术要求。

一、样品准备

使用中度研磨的咖啡粉,即 70%～75% 的咖啡颗粒可以通过美标 20 号网筛。之所以使用中度研磨的咖啡,是为了获得 18%～22% 的萃取率。经实践检验,此范围是平衡所有风味物质的最佳萃取率。

因为水在冲泡好的咖啡里的占比超过 98%,所以在准备样品时,水质的重要性怎么强调都不为过。杯测用水需要含有 100～200mg/kg 的可溶性矿物质——这与饮用纯净水的硬度相当。我们不建议使用蒸馏水。此外,要将水处理所用的所有化学物质全部过滤掉,特别是氯。一定要在杯测前对水的感官性质进行检测,确保水质符合要求。关于水质的更多信息,可以参考本书表 7-2-1。

要事先分别为每个样品咖啡杯称量所需的咖啡豆,称量好后再分别对每杯咖啡豆进行研磨。这样做的目的是让缺陷豆集中体现在一杯咖啡中,而非将其分散到多个杯中,导致杯测者无法判别该种咖啡是否有缺陷。此外,每种样品研磨前,要用少量"冲洗豆",即用于清洗磨豆机的同种样品豆,对研磨机进行清洗,避免此样品与前一份样品交叉影响。

每杯咖啡的粉水比要保持一致,最常用的配比是 8.25g 咖啡粉、150mL 水。这样冲泡出的咖啡其力度为 1.1%～1.3% 可溶性固体,与在 2L 咖啡壶中以每 100g 咖啡粉用 1818mL 水的粉水比做出的咖啡相当。

杯测用的冲煮方式是浸泡:94℃的水直接倾注在杯中的咖啡粉上。这些咖啡颗粒刚开始会浮到杯子的表面,形成"壳"或"盖"。当热水浸泡咖啡颗粒时,它们开始下沉。浸泡过程持续约 4 分钟,随后破"壳",用杯测勺稳稳地搅拌咖啡液,确保所有的咖啡颗粒均被完全浸湿,并沉到杯底。要撇掉那些未沉入杯底的颗粒。杯测所用冲泡方式并没有对咖啡进行过滤,这样保证咖啡粉中的风味物质不因过滤而受干扰。

二、感官品评

在杯测时,每一品评步骤所涉及的动作,如嗅闻、啜吸和吞咽,都被夸张放大,不会像日常吃喝那样。这样夸张放大的目的在于让咖啡中相应的刺激物去刺激尽可能多的神经末梢,从而产生全面的风味感受。尽管这样夸张的动作在其他场合会显得不礼貌,但在杯测桌上,这样做非常有必要。

咖啡的杯测过程约分为六步,分别对咖啡的干香、湿香、味道、风味、余韵和醇厚度进行评估,如图 5-3-1 所示。

(一)干香

杯测的第一步是对咖啡的干香进行评定。在 3～5 个杯测杯中分别放入 8.25g 咖啡粉,使劲用鼻嗅闻样品。此时,二氧化碳正从刚刚破裂的咖啡细胞中逸出。

干香的特征预示着味道的性质:气味的甜会带来味道的酸,刺鼻的气味会带来辛辣的味道。干香的强度则反映了样品的新鲜度,即由烘焙到研磨这段时间的长短。

干香由最易挥发的芳香物质构成,特别是含有硫元素的化合物,如甲硫醇。无论我们做什么,都很难让这些化合物待在咖啡豆里不出来,不论待多久。

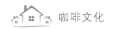

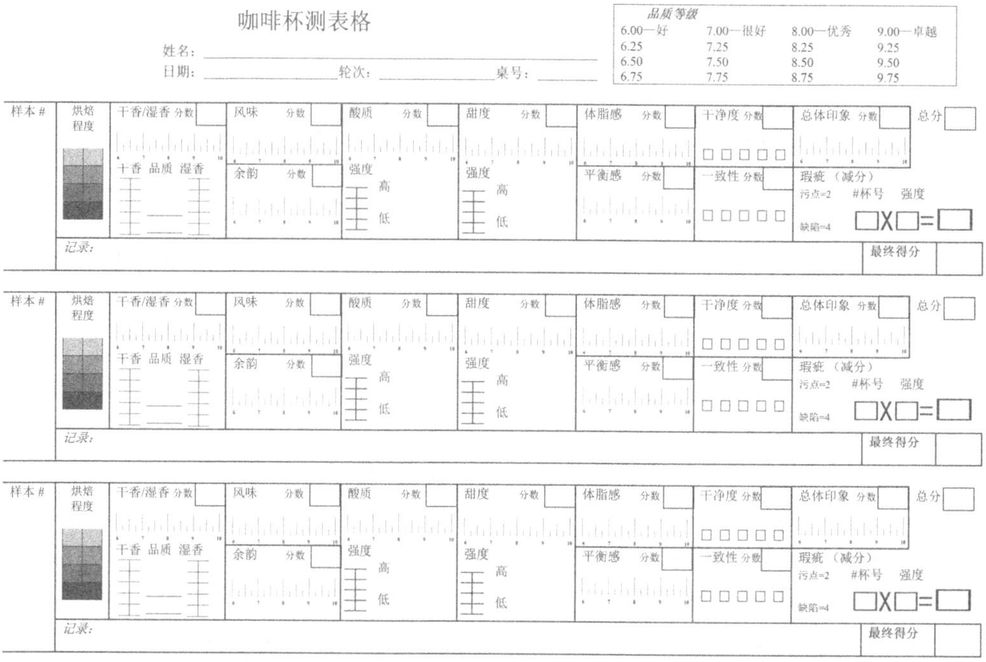

咖啡杯测表格
品质等级
6.00—好 7.00—很好 8.00—优秀 9.00—卓越
6.25 7.25 8.25 9.25
6.50 7.50 8.50 9.50
6.75 7.75 8.75 9.75
姓名：
日期： 轮次： 桌号：
样本#
烘焙程度
干香/湿香 分数
干香 品质 湿香
风味 分数
余韵 分数
酸质 分数
强度 高 低
甜度 分数
强度 高 低
体脂感 分数
平衡感 分数
干净度 分数
一致性 分数
总体印象 分数
瑕疵（减分）
污点=2 #杯号 强度
缺陷=4
总分
记录：
最终得分

图 5-3-1 SCA 杯测表格

（二）湿香

杯测第二步即对湿香进行评估。先在新研磨的咖啡粉上浇注 150mL 新鲜的（含氧的）94℃的水，让咖啡颗粒在水中浸泡 4 分钟。咖啡颗粒将在咖啡液表面形成一层“壳”。

当用杯测勺稳稳地搅拌咖啡时，这层“壳”会破裂。此时用鼻子深吸一段时间，那些在高水温下形成的气体便会被吸入鼻腔。这样做可以感受到被测样品的各种芳香特征，从果香到草香再到坚果香。杯测经历会让杯测者在他们的气味记忆中将独特的气味模式分门别类，并利用这些不同的气味模式去区分不同的咖啡。

一般来说，咖啡的芳香特征与其产地相对应。相反地，芳香特征的强度与咖啡的新鲜度相关。新鲜度是通过测量从烘焙到冲煮这个过程的时间而定的，它取决于保护咖啡豆免受氧气、湿气影响的包装材料。

（三）味道

杯测第三步要对新鲜冲煮的咖啡的味道进行详细检查。特殊的杯测勺（通常是带圆角的汤勺）通常能装 8～10mL 的液体，而为了快速分散热量在勺的表面，杯测者可舀起 6～8mL 的咖啡液，放在嘴的正前方，用力啜吸。这样可以迅速吸入液体，并将其均匀地分散在整个舌面，从而让所有的感觉神经末梢同时感受到咖啡的甜、咸、酸、苦、鲜，进行全面的味觉解调。

温度会影响杯测者感知刺激物的方式，并且感知刺激的位置也有助于刺激物特征的呈现。例如，由于温度会降低糖类物质的甜度，所以酸味咖啡常常在一开始给舌尖以刺痛感，而非甜味感。将咖啡含在口中 3～5 秒，将注意力放在味觉的种类和强度上，对味觉特点进行评估。

(四)风味

这一步与第三步同时完成。在用力啜吸咖啡将其分散到整个舌面的同时,会有空气进入液体,使咖啡液体中的部分液态有机物因蒸汽压变化而转变成气态。这些变为气态的有机物会因杯测者用力啜吸而进入鼻腔,让杯测者得以对咖啡的风味进行评测。

同时评测味道和风味使得咖啡样品拥有独特的风味。对于标准烘焙的咖啡,风味通常反映的是焦糖化反应生成物的风味特性。对于深烘焙咖啡,风味通常反映的是干馏反应生成物的风味特性。

(五)余韵

杯测第五步是要评估咖啡的余韵。将少量咖啡含在口中几秒后吞下,感受余韵。通过快速抽动喉头,将逗留在腭后端的蒸汽推入鼻腔,可以同时评测咖啡的味道和仍然停在腭上的分子量较大的物质的气味。

咖啡余韵中的风味化合物也许会带有像巧克力一样的甜味;也许会让人想起篝火或烟斗丝;也许会像刺鼻的香辛料,比如丁香;也许会带有树脂味,让人联想到松树油;也许会是上述风味特性的组合。

(六)醇厚度

杯测最后一步是要进行醇厚度的测评。在该环节,舌头温柔地划过上颚,产生触觉感受。油腻感、润滑感衡量的是咖啡液的脂肪含量,而它们的"重量",即厚度和黏度则是对咖啡纤维和蛋白质含量的衡量。二者的组合便是咖啡的醇厚度。

当咖啡液冷却下来,重复第三步~第五步(味道、风味和余韵)至少2~3次。这样做可以弥补温度对咖啡基本味道的不同影响,从而获得更为准确的咖啡整体味觉印象。

在正式杯测时,对于同一个样品,我们会准备3~5杯,并同时品尝。这种比较方式通常用于测试咖啡的一致性。在检验一致性时,杯测者要试着去评估受测批次咖啡的感官品质是否一致。若同一样品的不同杯咖啡之间不同,那么该批次咖啡便是不一致的,这种非一致性通常被认作是严重的质量问题。

在正式杯测中,我们也习惯同时比较至少两个不同的咖啡样品,杯测者有时会同时比较6~8个不同种咖啡。这种比较方式不仅可以显现不同咖啡间的微小差异,也可以帮助杯测者建立风味记忆,供今后杯测使用。若要评估8种以上的咖啡,最好先将其分成几个小组。

若要杯测大量样品,杯测者习惯将嘴中未被吞下的咖啡液体吐出。这样可以帮助清洁腭部,为杯测下一个样品做好准备。另外,用少量温水冲洗口腔可以帮助杯测者更准确地评估下一样品的味道。每个杯测者都有自己的杯测极限,即当超过某一数量时,会出现味觉和嗅觉疲劳,降低其准确区分样品的能力,让评估变得不再高效。

最后要记住,杯测者的精神状态和心态会影响其将记忆中的气味和味道感受与接收到的气味和味道刺激相对应。鉴于此,要始终保持杯测室不受外界干扰,特别是视线、声音和气味上的干扰。此外,杯测者要全神贯注于手头上的杯测任务,对所评测的每种咖啡做笔录。

第六章　咖啡产地评鉴

第一节　非洲咖啡评鉴

一、埃塞俄比亚咖啡

咖啡年产量:44.25万吨(2020年)。

主要品种:原生种。

主要处理方法:日晒式处理法、水洗式处理法。

(一)咖啡简史

埃塞俄比亚是阿拉比卡种的原产地,咖啡种植历史相当悠久。通常认为,咖啡起源于埃塞俄比亚的咖法省(Kaffa)。咖啡在埃塞俄比亚被称作 Bun,人们猜测,Coffee Bean 的说法,就来自 Kaffa Bun。

埃塞俄比亚咖啡产量大,国内的咖啡消费量也很庞大,埃塞俄比亚半数的咖啡产量都贡献给了自己的国民。当然,跟其他依靠咖啡赚外汇的产地国一样,虽然国民热衷咖啡,但是最好的品级还是自然而然送到了能出高价的消费国。

咖啡在埃塞俄比亚经济中居于重要地位,是 GDP 的重要组成部分,曾经半数外汇来自咖啡,咖啡带来的收益占到政府收入的10%。

(二)咖啡种植

埃塞俄比亚咖啡树种植面积接近60万公顷。咖啡生长在海拔550～2750米,西部和南部土壤属于火山土,富含矿物质,属微酸性土质,年均温度15～25℃,是阿拉比卡种的绝佳生长环境。

埃塞俄比亚有四大咖啡系统:

(1)森林咖啡(Forest Coffee),指野生咖啡,分布于西部和西南部的野生咖啡林区,即咖法森林。

(2)半森林咖啡(Semi-Forest Coffee),指半野生咖啡,分布于西部和西南部的咖法森林。

(3)田园咖啡(Garden Coffee),指咖啡农于自家农田与院落栽种的咖啡,是埃塞尔比亚主要的咖啡栽种方式,主要分布于南部和东南部。

(4)农场咖啡(Plantation Coffee),采用现代化的种植方式,咖啡也是成林生长,但是使用新品种。

（三）收获与处理

埃塞俄比亚南部和东部每年有两个雨季，西部只有一个雨季，所以一年四季都有咖啡可以采收。埃塞俄比亚的咖啡树开花期是 12 月到第二年 4 月。水洗式咖啡的收获期是 8 月到 12 月，日晒式咖啡的收获期是 10 月到第二年 3 月。

在埃塞俄比亚咖啡加工中，水洗式和日晒式都在应用。

（1）水洗式咖啡约占出口的 35%。好品质的水洗式咖啡采用新鲜采摘的、完全成熟的果实进行加工，采摘很仔细且有专业人员的严密监控。经过挑拣的、干净的咖啡豆在采摘当天就要去浆，然后发酵、水洗、烘干、去皮。加工后的咖啡豆含水量保持在 12% 左右。

（2）日晒式咖啡约占出口的 65%。主要由家庭采摘，红色的咖啡豆被放置在水泥地板上或高桌上晾晒至约 11.5% 的含水量，然后去皮、清洗。

（四）咖啡品种

埃塞俄比亚的咖啡品种都是阿拉比卡种，且大部分是埃塞俄比亚原生品种。

（五）咖啡产地

埃塞俄比亚主要的咖啡产地有：林姆（Limu）、吉玛（Djimma）、西达摩（Sidamo）、耶加雪菲（Yirgacheffe）、哈拉尔（Harar）、铁比（Teppi）、贝贝卡（Bebeka）、金比（Ghimbi）与列坎提（Lekempti）等。这些地区的土壤排水性良好，微酸，红色，疏松。

耶加雪菲咖啡是埃塞俄比亚精品咖啡豆的代名词，也是世界公认的水洗式咖啡的极品，有着很特别、不寻常的柑橘果香及花香，出产于埃塞尔比亚西达摩省（Sidamo）海拔 1700～2100 米的一个地形狭长的小镇。这里自古是块湿地，古语"耶加"（Yirga）意指"安顿下来"，"雪啡"（Cheffe）意指"湿地"，因此"耶加雪菲"意指"让我们在这块湿地安身立命"。

（六）咖啡风味

耶加雪菲咖啡是非洲水洗式咖啡的优秀代表，中度烘焙下的耶加雪菲有着独特的柠檬香、花香和蜂蜜般的甜香气，柔和的果酸及柑橘味，口感清新明亮。不加奶也不加糖，就让耶加雪菲丰厚的质感与独特的柔软花香刷过你的味蕾，留下无穷余韵。

耶加雪菲绝大多数采用水洗式处理法，但也有少量绝品豆刻意以日晒为之，增强迷人的果香味与醇厚度。

除此以外，哈拉尔咖啡也非常出色。质量好的哈拉尔咖啡有水果的香味（蓝莓或杏桃），以及茉莉花、枫树、皮革味、某种香料味等。

二、肯尼亚咖啡

咖啡年产量：4.65 万吨（2020 年）。
主要品种：SL28、SL34、Ruiri 11。
主要处理方法：水洗式处理法。

（一）咖啡简史

早在 19 世纪，咖啡由埃塞俄比亚经也门进口到肯尼亚。但直到 20 世纪初，波旁咖啡树才由圣·奥斯汀使团引入。20 世纪 70 年代中期到 80 年代中期，肯尼亚的咖啡出口量一度达到全球咖啡贸易出口总量的 40% 以上。近年来这一数据急剧下降，已降至 4% 左右，不过

咖啡业内人士无不认为肯尼亚咖啡是其最喜爱的产品之一。

(二)咖啡种植

肯尼亚咖啡大多生长在海拔 1500～2100 米的地方,肯尼亚咖啡 60% 以上由小耕农种植,其余由 4000 余家庄园种植。

肯尼亚政府极其认真地对待咖啡业,在这里,砍伐或毁坏咖啡树是非法的。肯尼亚咖啡的购买者均是世界级的优质咖啡购买商,也没有任何国家能像肯尼亚这样连续地种植、生产和销售咖啡。所有咖啡豆首先由肯尼亚咖啡委员会(Coffee Board of Kenya,CBK)收购,再进行鉴定、评级,然后在每周的拍卖会上出售,拍卖时不再分等。肯尼亚咖啡委员会只起代理作用,收集咖啡样品,将样品分发给购买商,以便于他们判定价格和质量。

(三)收获与处理

肯尼亚每年经历两个雨季,因而咖啡可以收获两次。每年 11 月初到第二年年初为主要收获期,每年的 6—7 月为第二收获期。为确保只有成熟的浆果被采摘,人们必须在林间巡回检查,来回大约 7 次。

肯尼亚大多数咖啡采用的是水洗式加工。他们收获咖啡后,先把鲜咖啡豆送到合作清洗站,由清洗站将洗过、晒干的咖啡以"羊皮纸咖啡豆"①的状态送到合作社,在水中进行去皮。在肯尼亚,人们一般认为果皮越重的咖啡品质越好。去皮后,咖啡通过天然暴晒进行干燥。

(四)咖啡品种

最初被带到肯尼亚种植的是波旁种,20 世纪 50 年代,当时的农业研究机构斯科特实验室经过不懈努力,选育了 SL28、SL34 这两个优秀杂交种,颠覆了长久以来人工选育品种没有天然品种优秀的偏见。SL28、SL34 帮助肯尼亚咖啡形成了自己独一无二的风味特质,在咖啡界树立起良好的口碑。出于咖啡产量和抗病性的考量,新品种 Ruiri 11 渐成趋势,但业内一致认为该品种口味欠佳。

(五)咖啡产地

肯尼亚的咖啡产区主要集中在以肯尼亚山为代表的高原地区,在首都内罗毕附近。热带气候、酸性、红色的火山土壤为咖啡提供了天然适宜的生长环境。主要产区包括中部的涅里(Nyeri)、鲁伊鲁(Ruiru)等;西部与乌干达及坦桑尼亚接壤的地区有基塔莱(Kitale)、凯西(Kisii)等;此外,南部乞力马扎罗山东侧地区也盛产咖啡。

(六)咖啡风味

优质肯尼亚咖啡芳香浓郁,带有水果风味,口感丰富。肯尼亚咖啡有着一种奇妙的水果风味,喝起来带有一种黑莓和葡萄柚的味道;带着极佳的中等醇度,酥脆而清爽的口感;风味清新且最适合夏天做成冰咖啡饮用。"不太像咖啡,倒有点像水果茶"是很多人对这种浅烘焙肯尼亚咖啡共同的感觉。

---

① "羊皮纸咖啡豆"即外覆内果皮的咖啡豆,是咖啡豆去皮前的最后状态。

三、卢旺达咖啡

咖啡年产量:约2.22万吨(2020年)。

主要品种:波旁种。

主要处理方法:水洗式处理法。

(一)咖啡简史

卢旺达的咖啡是在1904年由德国传教士传入的,最早出现在一个修道院,其后扩展到卢旺达全国。作为满足德国咖啡需求的生产国,实际上直到1917年,卢旺达的咖啡才开始外销。

第一次世界大战后,德国作为战败国不再拥有卢旺达的殖民权,转而由比利时"委托管理"。殖民期间,卢旺达的咖啡产量大幅增加,但剥削劳动力、压制咖啡农作物的价格以及高昂的出口税,使得咖啡豆的出品质量并不理想,这也是当时商业咖啡发展的正常现象。1962年卢旺达独立以后,成立了第一个官方咖啡组织——卢旺达文化工业部(OCIR),咖啡产量在20世纪60—80年代持续增长,并且在1986年达到史无前例的巅峰,90年代初,卢旺达种族大屠杀使得咖啡产业停滞。2000年,刚经历过内政混乱的卢旺达,为了提升咖啡产业,由美国密歇根州立大学等机构以及卢旺达国立大学等机构数名研究人员,一起协助卢旺达升级咖啡产业,提出了珍珠计划[①]。珍珠计划旨在促进卢旺达咖啡质和量的提升,并帮助农民能有更好的收入,进而形成良性循环。珍珠计划实施以后,卢旺达陆续建造了40多座咖啡水洗式处理厂,让卢旺达的经济在咖啡豆的强劲出口下有了显著的增长。珍珠计划也是卢旺达从独立建国以后实行的最大最完整的发展规划。

(二)咖啡种植

卢旺达"千丘之国"(Land of a Thousand Hills)的美誉来源于其境内山峦重叠,光火山就有5座。除山之外,其境内还有20多个湖泊以及众多河流,水资源充足。卢旺达属温带和热带高原气候,平均气温24~27℃,其气温比典型的赤道国家要低,但咖啡种植在多山的西部等地区,其气温比东部的低洼地区更低,温差也更大,例如北部基伍湖平均海拔1463米,平均日气温在22℃,加上火山土土质肥沃,十分适合种植咖啡。

(三)收获与处理

卢旺达选择水洗式处理法作为主要处理方式,一是为了获得高产量和稳定的品质,二是因为卢旺达一年中有两个雨季,一个在2—5月,另一个在9—10月,而咖啡采收季一般在3—6月,与第一个雨季在时间上高度重合。

而在雨季的时候,虽然充足的雨量给咖啡生长带来好处,但是下雨也让卢旺达的咖啡农难以开展需要较长干燥时间的处理方式,例如日晒式处理法平均需要3~4周时间。此外,日晒式处理法得到的咖啡品质稳定性也不及水洗式处理法。

水洗式处理法会将采摘好的咖啡果实进行浮选,去除密度不足的咖啡果实,接着脱去果皮、果肉,将带有果胶的咖啡豆静置于水池中进行发酵,发酵完成后用清水洗去果胶层,最后再将咖啡豆进行干燥,将咖啡豆的含水率降至11%~13%。水洗式咖啡的酸质更高,干净

---

① PEARL Project,即Partnership for Enhancing Agriculture in Rwanda Through Linkages Project.

度好且整体表现稳定。

(四)咖啡品种

卢旺达常见的咖啡品种包括波旁种、卡杜拉种以及卡杜艾种等,都是比较接近的波旁系风味调性,让人联想到柑橘以及坚果。种植合理的波旁种咖啡甜感优异;卡杜拉种属于波旁自然变种,其特点是比波旁种更加高产,植株与植株之间的种植距离更短;卡杜艾种则更加高产,且具有优良的抗病、抗风雨能力。

(五)咖啡产地

卢旺达的咖啡种植没有明确的产区限制,阿拉比卡种咖啡产区主要分布在南部和西部,南部的胡耶(Huye)山区、尼山加比(Nyamagabe)地区由于海拔较高,咖啡豆具有花香和柑橘的一些风味;而西部基伍湖畔的尼山舍克(Nyamasheke)地区,盛产口感丰富、芳香、多汁的优质咖啡。

(六)咖啡风味

优质卢旺达咖啡常带有青苹果、核桃、醋栗、桑葚、樱桃、青柠檬、橙子等风味。

拓展阅读

卢旺达咖啡里的马铃薯瑕疵

马铃薯瑕疵味,简称 PTD(Potato Taste Defect),指在咖啡饮品中人类通过味觉和嗅觉发现的一种瑕疵味。马铃薯瑕疵味是一种自然产生的味道,通常在卢旺达、布隆迪、刚果共和国、乌干达等东非和中非国家出产的五大湖咖啡中可以尝出。在产自坦桑尼亚、赞比亚和肯尼亚的少数咖啡中,其风味也含有此瑕疵味。咖啡中可以尝到和闻到类似马铃薯的味道,这是由植物中自然产生的吡嗪类化合物造成的。尽管经过多年的研究,仍然没有弄清楚到底是什么使得非洲五大湖的咖啡厂生产出这种发散特殊风味的化合物,但可以确定的是产生此种化合物的源头是一种叫作 Antestia 的臭蝽(见图 6-1-1)。根据化学分析,发现此种虫

图 6-1-1　臭蝽

子通过浆果上的薄弱点,钻进果内,咖啡树为抵抗这种虫子,生成了一种分子量很高的吡嗪类化合物。该化合物会导致咖啡中有马铃薯的风味。还有一项研究表明,马铃薯瑕疵味的滋生不是虫子引起的,而是细菌。无论何原因引起此种味道,重点是它肯定是在种植产区的农场里产生出来的。

四、布隆迪咖啡

咖啡年产量:1.53 万吨(2020 年)。
主要品种:波旁种。
主要处理方法:水洗式处理法。

(一)咖啡简史

布隆迪的咖啡是在 1920 年由比利时殖民者引进的,1933 年起,政府规定每位农民必须种植照料 50 棵咖啡树,多多益善。1962 年布隆迪独立,咖啡生产转为私营小农场种植,1972 年又转成国营。到了 20 世纪 80 年代的时候,因为世界银行的大规模资助,布隆迪大幅提升了生产优质咖啡的能力,建设了大约 150 个水洗式处理法厂。因为该国持续不断的政治动荡和内战,直到 21 世纪初,咖啡行业的管理层仍在政府全面控制和部分私有化之间徘徊。

布隆迪咖啡自 2008 年起就开始向精品咖啡转型,2011 年举办声望杯(Prestige Cup)生豆赛,其后 2012 年又举办卓越杯(Cup of Excellence,COE),接轨世界精品咖啡竞赛系统。由国际杯测师组成评审团,咖啡农在为期三周的竞赛时间内至少要参加 5 场杯测评比,优胜进入前 10 名者会再有一轮加赛。能入选 COE 优胜的咖啡农除了咖啡品质获得公认外,最大的收益是会有非常可观的拍卖所得。有了好的拍卖收益,能让咖啡农更有机会提升品质,也使消费者有更多机会喝到好咖啡,形成良性循环。

(二)咖啡种植

布隆迪的地理环境很适合咖啡种植,北部与卢旺达接壤,东、南部与坦桑尼亚交界,西部则与刚果(金)为邻,西南部濒坦噶尼喀湖(Lake Tanganyika)。布隆迪境内多高原和山地,大部分是由东非大裂谷东侧高原构成,全国平均海拔 1600 米,有"山国"之称。

(三)收获与处理

布隆迪选择水洗式处理法作为主要处理方式,咖啡采收季一般在 4—7 月,处于雨季。

小型水洗站主要承担接收咖啡樱桃后的处理工序,后续步骤以及干燥处理、分级、销售等事项,则由专门管理整合水洗站的单位——Sogestal 来处理(见图 6-1-2)。

(四)咖啡品种

布隆迪常见的咖啡品种包括波旁种,当然也有 Jackson、Mibrizi 以及 SL 系列的其他品种。

(五)咖啡产地

布隆迪的咖啡没有明确的产区范围,其中以下这几个区域所出产的咖啡最为闻名。

1. 布恩茨

这是布隆迪北部与卢旺达接壤的大片地区。它是主要的咖啡生产地区。在这个产区

图 6-1-2 Sogestal 的主要功能是提供更好的硬件设备，提升咖啡品质

中，有两个区域值得一提：卡扬扎和恩戈齐。

卡扬扎：位于布隆迪北部，与卢旺达相邻，气候温和，是布隆迪境内水洗式处理厂分布密度第二高的产区。

恩戈齐：位于布隆迪北部，平均海拔在 1650 米。虽然它的咖啡产量少于卡扬扎，但在 COE 的比赛中显示出优质的潜力。布隆迪全国 25％的水洗式处理法厂都位于这里。

2. 基特加

这是一个位于布隆迪中部的咖啡产区，也是两个国营干式处理厂的所在地之一。处理厂的主要任务是在咖啡外销之前进行最后的处理与质量管理。该咖啡产区的海拔平均是 1450 米。

3. 锡比托凯

锡比托凯地区位于布隆迪西北部，与刚果民主共和国交界。该地区的海拔在 1100～2000 米，平均年降水量为 1100 毫米。全年的温度范围为 18～22℃。

（六）咖啡风味

优质布隆迪咖啡常带有复杂的莓果风味和果汁口感。当然，布隆迪咖啡也和一些卢旺达咖啡一样，存在马铃薯瑕疵味。

五、乌干达咖啡

咖啡年产量：约 33 万吨（2019 年）。

主要品种：罗布斯塔种，以及波旁种、肯特种、SL14 和 SL28 等。

主要处理方法：水洗式处理法，少量日晒式处理法。

（一）咖啡简史

1860 年在乌干达维多利亚湖周边发现了罗布斯塔种咖啡，直到今日，当地仍有野生罗布斯塔种。

20世纪初,由东南非的马拉维引进了阿拉比卡种,而阿拉比卡种主要栽种在埃尔贡山斜坡的布吉苏区(Bugishu)。乌干达位于尼罗河的源头,这是一个不靠海的非洲内陆国,虽然与其他东非国家相同,生产咖啡历史远久,但由于种族对立引起的战争使得乌干达的咖啡品质始终无法提升。这里的好咖啡大多种植在与肯尼亚邻接的地区,曾经一度,乌干达的咖啡豆被运往肯尼亚混充肯尼亚咖啡出售。直到战争停止,乌干达这才跃升为咖啡快速发展的国家。

(二)咖啡种植

乌干达拥有着茂密青翠的森林、湖泊、湿地,而且河流水资源丰沛,咖啡在乌干达是最大宗的农作物,约有50万个咖啡农场从事咖啡相关农业,占总人口的25%。在较低海拔地区,收获季节是6月至12月;而在较高海拔地区,收获季节则是7月至第二年2月。

(三)收获与处理

乌干达的阿拉比卡种咖啡具有典型的非洲特色,果汁感明显;而西部地区的咖啡豆相对较醇厚。经日晒式处理的咖啡豆俗称"日晒珠戈",经水洗式加工的则称为"水洗乌戈"。

乌干达咖啡以水洗式处理法为主,也会有少批量的采用日晒式处理法。

(四)咖啡品种

乌干达咖啡树大多是生长强劲的罗布斯塔种咖啡树,大约占乌干达咖啡种植的94%;仅有6%是传统的阿拉比卡种咖啡树,这些稀少的咖啡豆生长在热带雨林中,大多数输出至世界各国。

(五)咖啡产地

1.埃尔贡山

埃尔贡山是位于乌干达与肯尼亚交界处的一座死火山,在维多利亚湖东北部。咖啡农场分布于埃尔贡山两侧,被森林遮蔽,并从陡峭的河流中获得重要的水分。由于陡峭的地形,运输咖啡果实可能会很困难,所以在某些地方,用驴将咖啡果实从农场运输到工厂成了最佳的方式。

2.布吉苏产区

布吉苏位于埃尔贡山西坡,其咖啡以果味浓郁而闻名。

布吉苏距离首都坎帕拉约5个小时的车程。这里的咖啡集散镇上有很多的供销公司与咖啡仓储站,因此部分出口商会打上"Mbale"(姆巴莱区)来当作生豆标示,后面再加上级数,例如AA或A,但其实还是属于布吉苏区的豆子。

布吉苏的咖啡农们会在咖啡树中,间种香蕉与树薯,当作食用作物,咖啡是他们最主要的收入来源,用来支付医疗、家用、教育等开销。当地的小农在咖啡采收期会集中进行小规模的水洗式处理,之后再集中到姆巴莱区去销售,并进行后段的干燥处理、分级过程。在首都坎帕拉,还有更大规模的处理厂与出口商。

3.鲁文佐里山脉

鲁文佐里山脉通常被称为"月亮山脉",位于乌干达与刚果民主共和国的边界。

咖啡种植在山坡上,海拔1500~2300米,富含氮的土壤创造了一种非常适合咖啡种植

的环境。日晒式处理法在这里最为常见。

4.艾伯特尼罗河产区

艾伯特尼罗河产区位于乌干达西北部,多数农场的土地面积为 1300～1600 亩,榕树等土著树木被用作多数农场的遮阴树。来自该地区的咖啡通常采用水洗式处理法,并且因其柑橘风味而闻名。

艾伯特尼罗河产区的咖啡农会在收获咖啡果实后,先水洗咖啡樱桃以拣选出未成熟的樱桃浮豆,经过 1 小时左右的水洗、去皮后,在农家庭院做初步的干燥处理,然后再移到高架床上进行为期 2 周的干燥。最后,咖啡再经 36～48 小时的干燥以达到适合的含水量才可进行出口。

(六)咖啡风味

优质乌干达咖啡常带有乌梅等成熟水果的风味以及饱满的果汁口感。

六、坦桑尼亚咖啡

咖啡年产量:5.4 万吨(2020 年)。

主要品种:肯特种、波旁种、铁皮卡种。

主要处理方法:水洗式处理法、日晒式处理法。

(一)咖啡简史

传说咖啡是于 16 世纪自埃塞俄比亚传入坦桑尼亚的。哈亚人(Haya)将"Haya Coffee"带入坦桑尼亚,自那时起咖啡就成为当地文化中密不可分的一环。成熟的咖啡果实会被煮,之后经过多日熏烤,然后用来咀嚼而非冲煮为咖啡。

咖啡最早在德国殖民统治时成为坦桑尼亚的经济作物。到了 1911 年,殖民政府命令在布科巴区(Bukoba)开始种植阿拉比卡种咖啡树,种植方式与哈亚人的传统做法大不相同,哈亚人因此不情愿以咖啡树取代粮食作物。即便如此,布科巴区的咖啡产量依旧有所提升。境内其他区域对咖啡种植较不熟悉,因此反对声浪较小。住在乞力马扎罗山周遭的查格(Chagga)部落在德国人全面禁止奴隶买卖后,便将农作物全数改为咖啡。

第一次世界大战之后,布科巴区的管理权转移到英国人手中。他们在布科巴种下超过1000 万株咖啡苗,但同样也与哈亚人产生冲突,结果通常是树苗被连根拔起。也因此相较于查格区,此地的咖啡产业并没有显著的成长。第一个共同合作社在 1925 年成立,名称为乞力马扎罗本土种植者协会(Kilimanjaro Native Planters Association,KNPA)。这是几个共同合作社中最先成立的,旗下的生产者因此拥有较多自由得以将咖啡直接销售到英国,进而获取更佳的售价。

坦桑尼亚在 1961 年独立后,政府将重心放在咖啡产业上,试图在 1970 年之前达到将咖啡产量翻倍的目标,不过这个目标并没有实现。在历经了产业低成长、高度通货膨胀与经济萧条后,坦桑尼亚成为多党民主国家。20 世纪 90 年代早中期,咖啡产业经历了一连串的改革。咖啡生产者被允许以较为直接的方式将咖啡销售给买家,而非全数通过国家咖啡行销委员会进行销售。咖啡产业在 20 世纪 90 年代末期遭受严重打击,当时咖啡梢枯病蔓延境内四处,使靠近乌干达边界北部的咖啡树数量大减。

（二）咖啡种植

咖啡是坦桑尼亚的主要经济作物之一，在坦桑尼亚出口作物中排在棉花、烟草、腰果之后列第四位，主要销往意大利、日本和美国等。咖啡出口在坦桑尼亚国民经济中占有重要地位。坦桑尼亚是典型的东非国家，北临肯尼亚、乌干达，南接马拉维、莫桑比克和赞比亚，西面是卢旺达、布隆迪。坦桑尼亚咖啡有的产自土壤丰沃的东非大裂谷，有的产自鲁伍马河畔。其中，约 90% 咖啡产自小农户，约 10% 产自大庄园。

（三）收获与处理

坦桑尼亚的咖啡收获期一般在 6—10 月，在乞力马扎罗这样的高海拔地区，收获期会推迟到 7—12 月。

坦桑尼亚的咖啡多采用水洗的方式来处理，咖啡农采摘后会将咖啡果实送到就近的处理厂进行加工。

（四）咖啡品种

1898 年，波旁种的咖啡由天主教传教士引入坦桑尼亚的乞力马扎罗地区。接着就是肯特种在 1920 年也被引入坦桑尼亚。到现在为止，坦桑尼亚的咖啡豆仍以波旁种和肯特种为主。波旁种咖啡果实短小、圆润，果肉和种子的密度很高。波旁种咖啡通常甜度高，酸度明亮。波旁种咖啡的产量比铁皮卡种高 20%～30%，但仍被视为低产量豆种，且同样易受锈叶病影响。相比之下，肯特种产量高，抗病力强。

（五）咖啡产地

坦桑尼亚的主要咖啡产区有三个：乞力马扎罗产区、鲁伍马产区和姆贝亚产区。

1. 乞力马扎罗产区

乞力马扎罗产区是坦桑尼亚最古老的阿拉比卡种咖啡产区。因为拥有悠久的咖啡产业历史，此地的基础设施较好，不过不少咖啡树已经相当高龄，因此产量较低。近年来，其他农作物有逐渐取代咖啡的趋势。

2. 鲁伍马产区

鲁伍马产区位于坦桑尼亚南部，名称来自鲁伍马河。咖啡种植多在木宾戈地区，被认为是能够产出高质量咖啡的潜力产区，海拔 1200～1800 米。

3. 姆贝亚产区

姆贝亚产区位于坦桑尼亚南部姆贝亚市周边，海拔 1200～2000 米，此区是高价值外销作物如咖啡、茶叶、可可和香料的重要产区。近年来，在很多国际团体和组织的帮助下，姆贝亚产区原来评价不高的咖啡品质得到改善。

（六）咖啡风味

坦桑尼亚阿拉比卡种咖啡的酸质清新有活力，带有明显的莓果调性，有很强的果汁感。

七、赞比亚咖啡

咖啡年产量：0.23 万吨（2017 年）。

主要品种：波旁种、卡蒂姆种。

主要处理方法:水洗式处理法。

(一)咖啡简史

赞比亚虽然处于非洲,却不是一个有着悠久咖啡生产历史的国家,相反,其种植史比绝大多数咖啡生产国要短得多。20世纪50年代,咖啡才由坦桑尼亚和肯尼亚传入赞比亚。种植前期并没有形成产量规模,直到70年代末80年代初由于获得了世界银行的投资,赞比亚的咖啡产业才慢慢有了产能。最早传入的波旁种因为不能抵抗常发的咖啡病虫害,逐渐被卡蒂姆种替代,但是由于卡蒂姆种品质下降,在政府的干预下,波旁种又重获新生。

(二)咖啡种植

赞比亚因赞比西河而得名,也是刚果河的发源地,是非洲中南部的一个内陆国家,大部分属于高原地区。赞比亚的铜矿较为丰富,故被称为铜矿之国。赞比亚是撒哈拉南部城市化程度较高的国家。境内大部分地区为海拔1000～1500米高原。赞比亚属热带性气候,因位于海拔1000～1300米的台地,湿度低,比起其他热带非洲国家气温较为凉爽。年平均温度14～26℃。干冷季:5—8月,15.6～26.7℃。干热季:9—11月,26.7～32.2℃。湿热季:12—4月,26.7～32.2℃,为雨季。大部分地区年平均降雨量为760～1650毫米。

(三)收获与处理

赞比亚的咖啡收获期一般在4—9月,基本上是手工采收。

赞比亚咖啡多采用水洗的方式来处理。

(四)咖啡品种

赞比亚种植的所有咖啡都是阿拉比卡种咖啡,虽然其中有相当部分为卡蒂姆系列品种,但主要品种还是波旁种。

(五)咖啡产地

赞比亚的咖啡多数种植在穆钦加山,北方省、卢阿普拉省、铜带省、卢萨卡省和西北省。

(六)咖啡风味

赞比亚的高品质咖啡有明显的花果香气和复杂口感。

第二节　美洲咖啡评鉴

一、巴西咖啡

咖啡年产量:414万吨(2020年)。

主要品种:波旁种、新世界种、卡杜拉种、卡杜艾种等。

主要处理方法:日晒式、半日晒式处理法。

(一)咖啡简史

16世纪60年代,南美洲大陆还在一片天然的沉寂中,土著居民在这片富饶而肥沃的土地上过着安乐的生活。占地300多万平方公里的巴西占据了南美洲的主要部分。

1727 年,葡萄牙籍军官帕赫塔诱惑法属圭亚那总督夫人以咖啡种子相赠,把咖啡传入巴西,但他在巴西北部的帕拉地区试种并不理想。直到 1774 年,比利时传教士在巴西南部气候较温和的里约山区试种咖啡,才获得成功。而 19 世纪后,由于国际市场糖价走低,南部的矿藏开采殆尽,咖啡才成为巴西最重要的物产,并在不到 100 年时间内,跃居为世界第一咖啡生产大国。

到了 20 世纪初,咖啡作为巴西的主要物产,是国家的经济命脉。在国际咖啡市场行情持续走高的刺激下,巴西人大量种植咖啡,甚至连小麦等粮食也依靠进口。大面积地种植使得生态平衡受到破坏,周期性的霜冻、旱灾和锈蚀病都在威胁着巴西的咖啡产业。其中最严重的一次是 1975 年首先降临在巴西巴拉那产区的霜冻,造成了大约 15 亿株咖啡树冻死,巴西咖啡生产大幅受损。此外,1994 年的两次霜冻,也让巴西咖啡损失惨重。

20 世纪初,包括巴西和中南美洲许多国家的咖啡连年丰收,年产豆量突破 2000 万袋大关,而当时,全球的咖啡年消费量不过 1500 万袋。一时间,咖啡豆成为巴西人最大的灾难。但咖啡生产过剩显然不是咖啡灾难的全部甚至不是主要原因,咖啡商人在国际期货市场的翻云覆雨才是罪魁祸首,以至于巴西政府在几次政府行为的"稳价政策"失败后,于 20 世纪 30 年代初,一举焚毁 700 万袋咖啡。到 1937 年,巴西焚毁的咖啡豆高达 1700 万袋,而同年全球咖啡总消耗量不过 2500 万袋。

如今,巴西是世界上最大的咖啡生产国,素有"咖啡国"之称。巴西种植的咖啡既有历史悠久的阿拉比卡种咖啡,又有年轻力壮的罗伯斯塔种咖啡。近年来,巴西的咖啡消费量也急速增长,一跃成为仅次于美国的第二大咖啡消费国。巴西对全球咖啡业起着举足轻重的作用,它生产了全球咖啡总产量的 30%,自己消耗了其生产量的一半。巴西作为世界第一大咖啡产国,为全球咖啡市场提供商业豆、精品豆。速溶咖啡也是巴西咖啡产业的重要构成。2021 年,巴西咖啡减产,再加上集装箱短缺、海运受阻等,全球咖啡交易价格应声而涨,可见其影响力。

(二)咖啡种植

从自然条件上看,巴西处于热带地区,北部为热带雨林气候,终年炎热潮湿,适于热带作物生长,咖啡树为喜阳作物,充足的阳光为其生长提供了条件。

巴西咖啡多生长在海拔 500~1000 米地区,也有海拔达到 1200 米。但是,相对于其他东非、中南美重要产国的高海拔硬豆,差距还是十分明显。

(三)收获与处理

在巴西,9 月到 12 月是咖啡开花期,第二年 5 月到 8 月是收获期。在这里,机械采摘非常普遍(见图 6-2-1)。在机械采摘过程中,整条咖啡树枝上的果实被全部摇落,带来成熟度不同的问题。

巴西的咖啡有四种加工方法。最普遍的是日晒式处理法,占 90% 以上。除了传统的日晒式处理法之外,2000 年后大多数庄园开始使用巴西去果皮日晒式处理法。其方法是除去果皮,留下被黏糊糊的、富含糖分的果肉胶质包裹着的咖啡豆,将其置于阳光下晒干,这样做既保留了传统日晒式处理法的高甜度,又增加了纯净度。此外,一些庄园还会使用半水洗式处理法,即不经发酵阶段,直接将带壳豆置于阳光下晒干。极少数庄园会采用水洗式处理法。

图 6-2-1　在巴西,咖啡的机械采摘非常普遍

图片来源:https://leosystem.travel/brazil/12-interesting-facts-about-life-in-brazil/.

此外,巴西还有一种名为 Re-Pass 的咖啡豆。也就是等咖啡果实收获之后将其浸泡在清水中,漂浮起来的鲜果被单独收集并进行处理,这些漂浮的鲜果被认为是过熟的豆子。这种咖啡的种子与果肉接触的时间更久,甜度更好。

(四)咖啡品种

在巴西,阿拉比卡种和罗布斯塔种咖啡都有生产,其中阿拉比卡种占 70%~80%。巴西罗布斯塔种咖啡以科尼伦(Conillon)的名字进行出售,占总产量的 15%。

在阿拉比卡种咖啡中,比较常见的品种有新世界种、卡杜艾种、卡杜拉种、波旁种、象豆种等。

(五)咖啡产地

巴西共有 26 个州和 1 个联邦区(巴西利亚联邦区),17 个州出产咖啡。其中有 4 个州的产量最大,且集中在东南沿海地区,合计占全国总产量的 98%。它们分别是:巴拉那州(Parana)、圣保罗州(Sao Paulo)、米纳斯吉拉斯州(Minas Gerais)和圣埃斯皮里图州(Espirito Santo),其中南部巴拉那州的产量最为惊人,占总产量的 50%。

巴西最有代表性的咖啡——桑托斯咖啡(Brazilian Bourbon Santos),名字来自船运咖啡的港口桑托斯(Santos),以圣保罗地区的咖啡为主。

在精品咖啡时代,知名产区主要有三个,即塞拉多(Cerrado)、摩吉安纳(Mogiana)和南米纳斯(Sul Minas),都位于米纳斯吉拉斯州。

(六)咖啡风味

巴西咖啡的口感中带有较低的酸味,配合咖啡的甘苦味,入口极为滑顺,而且又带有淡淡的青草香,在清香中略带苦味,甘滑顺口,余味令人舒畅。巴西咖啡并没有特别出众的优点,但是也没有明显的缺憾,其口味温和而滑润、酸度低、醇厚度适中,有淡淡的甜味。

二、哥伦比亚咖啡

咖啡年产量:85.8万吨(2020年)。

主要品种:铁皮卡种、卡杜拉种、卡杜艾种、卡斯蒂洛种、哥伦比亚变种等。

主要处理方法:水洗式处理法。

(一)咖啡简史

大约100年前,哥伦比亚的咖啡不为世人所知。原因在于那些生产高品质咖啡的优越地理条件,在生产和商业活动中,反而成为障碍。生长在山上的咖啡,必须人工采摘。所以我们今天可以看到哥伦比亚咖啡包装袋上穿着哥伦比亚传统服装、骑着毛驴的胡安·瓦尔德兹(Juan Valdez)形象。另外,我们还可以看到包装袋上最明显的是火山图案,这都是在提醒我们瓦尔德兹之所以需要骑着毛驴采摘咖啡,是因为咖啡树是种植在安第斯山麓呈阶梯状的高地上的。1500米以上的高海拔、肥沃的火山土、无霜冻之虞的气候、优质的阿拉比卡种波旁种咖啡,以上这些因素都使得哥伦比亚咖啡成为"优质阿拉比卡种"的代名词。也因此,这里出产的咖啡被直接冠以国名在世界上销售。

1914年,哥伦比亚境内深入山区运送咖啡豆的铁路已经架设,但由于有些地方地形复杂,仍然必须依靠瓦尔德兹们的驴子。此外,在1914年巴拿马运河开通以前,哥伦比亚咖啡主要沿着马达里纳运往大西洋的港口。巴拿马运河开通后,哥伦比亚成为南美洲唯一一个可以通过太平洋和大西洋港口输出咖啡豆的国家,输送成本因而降低。

20世纪50年代后,哥伦比亚咖啡已经成为欧美消费者普遍喜爱的一种咖啡,而与此同时,占据美国市场多年的巴西咖啡豆尽管价格低廉,其销量却节节下降。这是因为哥伦比亚的高地咖啡风味较佳,深受人们喜爱,因此更容易卖到好价钱。

如今,哥伦比亚是仅次于巴西、越南的世界第三大咖啡生产国,咖啡产量占全球产量的10%。全国约有200万人从事咖啡相关工作,占全国就业人口的1/4。哥伦比亚是世界上最大的阿拉比卡种咖啡豆出口国,也是世界上最大的水洗式咖啡豆出口国。

(二)咖啡种植

哥伦比亚适宜的气候为咖啡种植提供了一个真正意义上的"天然牧场"。哥伦比亚的咖啡树主要栽培在安第斯山区海拔1300米左右的陡坡上,那里终年气温约为18℃,年降雨量为2000~3000毫米,北纬1°~11°15′,西经72°~78°,海拔具体范围甚至可以超越2000米。哥伦比亚咖啡种植区的纬度、海拔、土壤等条件,非常适宜咖啡的生长,这里气候温和、空气潮湿,并且可以不分季节地进行采收。这是哥伦比亚咖啡质量上乘的原因之一。

哥伦比亚有三条科迪耶拉山脉南北向纵贯,正好伸向安第斯山。沿着这些山脉的高地种植着大片的咖啡树,山阶提供了多样性的气候,这里整年都是收获季节,在不同时期不同种类的咖啡相继成熟。而且幸运的是,哥伦比亚不像巴西,它不必担心霜害。

在哥伦比亚,有案可查的咖啡树有27亿株,其中66%以现代化栽种方式种植在种植园内,其余的则种植在传统经营的中小型农场内。这种中小型农场,被人们称为"Cafetero",这种中小规模的生产形式使得哥伦比亚的咖啡种类丰富。

（三）收获与处理

哥伦比亚咖啡一年有两个收获期：主收获期因地区不同在 3—6 月或者 9—12 月；次收获期当地称为"Mitaca"，一般在 11—12 月或者 4—5 月。

哥伦比亚的咖啡处理主要采用水洗式，偶尔发生的缺水和水污染事件致使近年来采用半水洗式的农户和庄园越来越多。

（四）咖啡品种

哥伦比亚咖啡的品种主要为阿拉比卡种。其中卡杜拉种占 50%，哥伦比亚种占 30%，铁皮卡种占 20%，其他还有卡杜艾种和卡斯蒂洛种（Castillo）。其中，哥伦比亚种是卡杜拉种和卡蒂姆种杂交再衍生的新品种，具有阿拉比卡种的优雅口味，并带有罗布斯塔种的抗病能力和高产量的优点。卡斯蒂洛种则是哥伦比亚国家咖啡研究中心培育的另一个抗病性高、适应力强的豆种。虽然卡斯蒂洛种咖啡味道略差，但随着哥伦比亚境内种植该品种咖啡的农户越来越多，种植和生豆处理工艺不断完善，其品质正在得到不断提升。

（五）咖啡产地

哥伦比亚的咖啡产区很广，其中以中央山区的咖啡最好，其咖啡质感厚重，以麦德林（Medellin）、亚美尼亚（Armenia）与马尼萨莱斯（Manizales）等产区最为知名，习惯上统称为"MAM"。

哥伦比亚北部的布卡拉曼加（Bucaramanga），南部的乌伊拉（Huila）和西南部的纳里尼奥（Narino）等产区的咖啡也相当知名。

（六）咖啡风味

哥伦比亚咖啡经常被描述为具有丝一般柔滑的口感，在所有的咖啡中，它的均衡度最好，口感绵软、柔滑，是柔和咖啡的代名词。哥伦比亚咖啡获得了其他咖啡无法企及的赞誉，被誉为"绿色的金子"，哥伦比亚的精品咖啡则被称为"翡翠咖啡"。

三、牙买加咖啡

咖啡年产量：0.14 万吨（2020 年）。
主要品种：铁皮卡种、蓝山种。
主要处理方法：水洗式处理法。

（一）咖啡简史

1717 年，法国国王路易十五下令在牙买加种植咖啡。1728 年，牙买加总督尼古拉斯·劳伊斯（Nicholas Lawes）爵士从马提尼克岛进口了阿拉比卡种的种子，并开始在圣安德鲁地区推广种植。

1948 年，牙买加的咖啡质量已经下降，加拿大购买商拒绝再续合同，为此牙买加政府于 1950 年设立了牙买加咖啡工业委员会（CIB），该委员会为牙买加咖啡制定质量标准，并监督质量标准的执行，以确保牙买加咖啡的品质。该委员会对牙买加出口的咖啡生豆和烘焙咖啡颁予特制官印，是世界上最高级别的国家咖啡机构。

到 1969 年，牙买加因为利用日本贷款改善了咖啡的生产质量，从而保证了市场。1988 年，蓝山咖啡的主要种植地区在飓风中被破坏，之后在日本的支持下恢复。

(二)咖啡种植

柯纳斯黛尔地区平均海拔在 1000～1250 米,蓝山山脉横贯其中。蓝山在加勒比海的环绕下,每当天气晴朗的日子,太阳直射在蔚蓝的海面上,山峰上反射出海水璀璨的蓝色光芒,故而得名。蓝山最高峰海拔 2256 米,是加勒比地区的最高峰。这里地处咖啡带,拥有肥沃的火山土壤,空气清新,污染少,气候湿润,终年多雾多雨,年平均降雨量为 1980 毫米,气温在 27℃左右(见图 6-2-2)。

图 6-2-2　蓝山最高峰睥睨加勒比群峰

图片来源:https://cdn. holidayguru. nl/wp-content/uploads/2019/05/Blue-Mountains. jpeg.

(三)收获与处理

牙买加咖啡的收获期在 6—11 月,一般采用的是手摘法。

牙买加咖啡的处理方式基本上采用水洗式处理法。

(四)咖啡品种

牙买加种植的咖啡中 95％是铁皮卡种咖啡,在铁皮卡种的基础上,牙买加改良出自己的蓝山铁皮卡种(Blue Mountain Typica),能抵抗某些形态的炭疽病。

(五)咖啡产地

牙买加的主要咖啡产区在柯纳斯黛尔地区(Clydesdale)。牙买加的咖啡主要分为三类,分别是:蓝山咖啡(Jamaica Blue Mountain Coffee Beans)、高山咖啡(Jamaica High Mountain Supreme Coffee Beans)和牙买加咖啡(Jamaica Prime Coffee Beans)。按照牙买加咖啡工业委员会(CIB)的标准,只有种植在海拔 666 米以上部分的咖啡,才被称为牙买加蓝山咖啡;在牙买加蓝山地区 666 米以下部分生产的咖啡,称为高山咖啡,也是仅次于蓝山咖啡品质的咖啡;蓝山山脉以外地区种植的咖啡,称为牙买加咖啡。

蓝山咖啡的三大产区为圣安德鲁产区(St. Andrew)、波特兰产区(Portland)和圣托马

斯产区(St. Thomas)。蓝山咖啡的包装比较特别,一般使用木桶装盛,一个咖啡木桶内装大约 70 千克的咖啡豆。这种木桶最初用于装载从英国运往牙买加的面粉,通常带有商标名和生产厂家的名称。咖啡工业委员会为所有的纯正牙买加蓝山咖啡发放证书,并在出口前盖上认可章。

(六)咖啡风味

纯牙买加蓝山咖啡不适合深度烘焙,适宜中度烘焙,中度烘焙能将咖啡中独特的酸、苦、甘、醇等味道完美地融合在一起,丝滑细腻、余韵甘甜,形成强烈诱人的优雅气息。

四、萨尔瓦多咖啡

咖啡年产量:3.6 万吨(2020 年)。
主要品种:波旁种、帕卡马拉种、帕卡斯种、卡杜拉种、卡杜艾种。
主要处理方法:水洗式处理法、蜜处理法。

(一)咖啡简史

萨尔瓦多是一个位于中美洲北部的沿海国家,是中美洲人口最密集的国家,也是中美洲唯一紧靠太平洋的国家。西北邻接危地马拉,东北与洪都拉斯交界,西面濒临太平洋。1742 年,咖啡从加勒比海岛屿传入萨尔瓦多,开始咖啡种植。1821 年 9 月,萨尔瓦多脱离西班牙的统治,宣布独立。19 世纪中叶,萨尔瓦多原有的出口支柱靛蓝(Indigo,染料的一种)受到欧洲人工合成染料的冲击而逐渐衰退,咖啡在政府主导下逐渐成为主要出口产品。20 世纪 70 年代,萨尔瓦多的年产量创纪录地达到了 350 万袋咖啡。随着内战的加剧,咖啡产业陷入动荡。90 年代初,游击战争大大地破坏了萨尔瓦多的国民经济,使咖啡的年产量从 70 年代初的 350 万袋下降到 1990—1991 年的 250 万袋。该国东部受游击战争影响最大,许多农夫和工人被迫离开庄园。资金短缺致使咖啡产量大跌,由过去的每公顷产量 1200 千克下降到今天的每公顷产量不足 900 千克。1992 年各方签署和平协议,内战终止,咖啡产业开始逐渐复苏。

(二)咖啡种植

萨尔瓦多全国划分为 14 个省,其中 7 个省出产咖啡。境内拥有 20 多座火山,有"火山之国"的称呼,境内最低海拔为 0 米,最高海拔为圣安娜活火山(Santa Ana Volcano),其峰高 2385 米。火山土为咖啡生长提供了丰富的养分。

(三)收获与处理

萨尔瓦多咖啡的开花季是 4—5 月,低海拔地区 11 月开始收获,持续到第二年 3 月,主要采用手摘法。

萨尔瓦多咖啡大部分采用水洗式处理法,最近蜜处理法方式也开始流行。

(四)咖啡品种

萨尔瓦多的咖啡树都是阿拉比卡种。其中大部分是波旁种,占 68%。萨尔瓦多比较有名的品种就是 1957 年培育出来的帕卡马拉种,帕卡马拉种是帕卡斯种和象豆的杂交品种,不仅遗传了象豆的身形,个头魁梧,还有着铁皮卡种的香味。帕卡斯种占 29%,帕卡马拉、卡杜艾种、卡杜拉种占 3%。

（五）咖啡产地

萨尔瓦多 14 个省份中有 7 个出产咖啡，尽管如此，但是因为全境面积不大，产区分布界限不是特别分明。萨尔瓦多的咖啡产地主要分布在以下产区。

1. 钦琼特佩克火山

咖啡很晚才来到这个区域，在 19 世纪 80 年代，当地的年产量不超过 50 袋。这个火山区土壤十分肥沃，有许多咖啡园。普遍采用种植一排咖啡树和一排用来遮蔽咖啡的橘子树的传统做法。有些人相信这种做法为此区的咖啡带来宛如橘子花般的气息，其他人则认为这种柑橘风味来自此地的波旁种咖啡。

2. 奇纳美加山产区

这是萨尔瓦多境内第三大咖啡产区，在此地，咖啡是与以盐、糖制成的玉米饼一起享用的。

3. 卡卡瓦地克山产区

格拉尔多·巴里奥斯（Gerardo Barrios）将军于 1859 年当选总统后，最早认识到咖啡的经济效益。在 1860—1863 年间，巴里奥斯推动了公共财政的重组，鼓励咖啡生产。据说他是卡卡瓦地克山（现称为巴里奥斯）地区第一个种植咖啡的人。这条山脉以多黏土著称，常用来制作锅、盘与装饰品。此地农民必须在黏土地中挖出大洞，并填入肥沃土壤，才能种植咖啡树苗。

（六）咖啡风味

萨尔瓦多咖啡体轻、芳香纯正、略酸，均衡度极好，具有酸、苦、甜平衡的味道特征。帕卡马拉种咖啡豆有水果风味、优良的酸质和甜感，以及饱满顺滑的口感。

五、危地马拉咖啡

咖啡年产量：22.5 万吨（2020 年）。
主要品种：波旁种、铁皮卡种、卡杜艾种、卡杜拉种。
主要处理方法：水洗式处理法。

（一）咖啡简史

18 世纪 50 年代，咖啡由传教士带到危地马拉。19 世纪，随着欧洲合成染料的发明，危地马拉原有重要出口产品——靛蓝产业受到打击，咖啡规模逐渐成为重要出口品，咖啡种植规模逐渐扩大。到 19 世纪末，咖啡在危地马拉政治、经济中已经占有重要地位，大型咖啡农场主拥有左右政局的巨大影响力。在咖啡农场主出身的总统领导下，政府通过免费提供咖啡苗、税收优惠政策等推广咖啡种植。

危地马拉咖啡产业在国内经济中占有重要地位，咖啡出口额占出口总额的 1/3。危地马拉一度是中美洲最大的咖啡生产国，直到 2011 年被洪都拉斯超越。

20 世纪 90 年代开始，危地马拉选择侧重高等级咖啡的生产，主攻高海拔优质阿拉比卡种咖啡豆以及精品咖啡市场，并于 2001 年开始举办 COE 赛事。

（二）咖啡种植

危地马拉，名字来源于玛雅语，意为"森林之国"，位于中美洲，有"中美洲王冠上的明珠"

之称。危地马拉虽然国土面积有限,却拥有丰富多样的气候,以湖泊和火山著称,火山土壤、降水、温度、湿度、海拔,危地马拉拥有适宜咖啡生长的天然环境。

危地马拉 98% 的咖啡为遮阴种植,官方资料称在危地马拉遮阴种植是传统做法,从咖啡最初传播到危地马拉开始,人们学会的就是遮阴种植。

遮阴种植对咖啡的好处很多,比如,为咖啡提供庇护,有利于调整光照的强度及时间,使咖啡免遭暴晒之苦;为咖啡遮风挡雨,在大雨来临时,减缓雨水冲刷对咖啡树体及其根系的冲击;遮阴树的落叶堆积,为咖啡树提供养料;减少杂草的生长;帮助蓄水,改善土壤湿度;减缓咖啡果实的成熟速度,改善杯中表现,令酸度和醇厚度表现更优。

(三)收获与处理

危地马拉咖啡的开花期在 1—3 月。海拔较低的地区 9 月份开始进入收获期。海拔越高的地区,咖啡收获期越晚。一般采用手工采摘法。

危地马拉咖啡的处理方式以水洗式为主,日晒干燥。虽然许多产区位置偏远,小型农户众多,但是危地马拉天然的丰富水资源为湿法处理提供了便利条件,35 条主要河流、超过 1000 个湖泊与泻湖令多数生产者的水洗式处理法成为可能。

(四)咖啡品种

危地马拉的咖啡品种都是阿拉比卡种,以波旁种、铁皮卡种、卡杜艾种、卡杜拉种为主,也有少量黄色波旁种、瑰夏种和帕卡马拉种。

(五)咖啡产地

危地马拉的 22 个省中有 20 个省种植咖啡,为顺应国际咖啡市场对产地认证的偏好,在地理、气候、咖啡特点、咖啡杯测表现的基础上,危地马拉将全国划分为 8 个咖啡产区,分别是:安提瓜咖啡(Antigua Coffee)、弗莱加内斯高原(Fraijanes Plateau)、薇薇高地(Highland Huehue)、圣马可斯火山(Volconic San Marcos)、新奥丽恩特(New Oriente)、传统阿提特兰(Traditional Atitlan)、雨林科万(Rainforest Coban)、阿卡特南戈山谷(Acatenango Valley)。各个产区有各自的代表颜色,并设计了宣传语——"彩虹之选"(A Rainbow of Choices)。

精品咖啡背景下,在原有等级基础上,8 个精品产区的咖啡可以标注各自的产区名称,代表风味各具特色,而产区内某些咖啡若杯测结果与产区风味不符,则只能冠以 SHB(极硬豆,见表 3-2-3)的常规等级出口。

(六)咖啡风味

整体上,危地马拉咖啡以优雅的酸度带来明朗的杯中体验,醇厚度饱满圆润,拥有花香及干净悠长的余韵。此外,某些产区的咖啡还会带来奇妙的烟熏风味。

六、哥斯达黎加咖啡

咖啡年产量:8.7 万吨(2020 年)。
主要品种:卡杜拉种、卡杜艾种、维拉莎奇种。
主要处理方法:水洗式处理法、蜜处理法。

(一)咖啡简史

1729 年,咖啡从古巴引入哥斯达黎加,时至今日,其咖啡工业已是世界上组织完善的工业之一，产量高达每公顷 1700 千克。哥斯达黎加人口仅有 511 万（2000 年数据），而咖啡树却多达 4 亿棵，咖啡出口额占据该国出口总额的 25%。1825 年，哥斯达黎加政府持续推广咖啡种植，其鼓励措施是免除咖啡的某些税收。1831 年，政府颁布命令，假如有人在休耕的土地上种植咖啡超过 5 年，便可以得到该地的所有权。

1820 年已有一小部分咖啡外销到巴拿马，1832 年咖啡外销开始形成一定规模。这些咖啡首先会经过智利，重新包装并命名为"智利瓦尔帕莱索咖啡"，最终运往英国。后来英国增加了对哥斯达黎加的投资，1843 年开始，两地直销。1863 年创立了盎格鲁哥斯达黎加银行，为咖啡产业发展提供资金支持。

从 1846 年到 1890 年，咖啡是哥斯达黎加唯一的外销作物。咖啡的生产也促进了基础建设的发展。例如，哥斯达黎加第一家剧院就是早期由咖啡经济催生出的产物。

长久以来，哥斯达黎加对于咖啡基础建设的投入，有助于其在国际市场上取得较佳的价格。哥斯达黎加在 1830 年引进水洗式处理法，到了 1905 年，境内已有 200 多家水洗式处理厂。水洗式咖啡通常质量较佳，能取得较高的价格。

咖啡产业此后持续成长，直到各产区可种植地都饱和。

长期以来，哥斯达黎加咖啡拥有良好的声望并能获取较好的价格。20 世纪下半叶，国内开始出现舍弃种植原生品种转向高产量咖啡品种的浪潮，一度造成品质降低、声誉受损。不过近年来出现了一些转变，让人重新开始注意到哥斯达黎加的优质咖啡。

在哥斯达黎加，咖啡的种植从一开始便受到大力支持，政府更将土地发给那些想要种植咖啡的农民。1933 年，因来自各咖啡产区的压力，政府成立了"咖啡防御机构"（Institute for the Defence of Coffee）。该机构的功能在于保护小型农户不致遭到剥削，防止商人低价购入咖啡果，经处理后再以高价卖出而获取暴利。该机构的做法是设定大型处理商的获利上限。1948 年，这个政府机构更名为咖啡官方委员会（Oficina del Café），部分职务转移到政府农业部。如今，这个组织已成为哥斯达黎加咖啡工业公司（Instuto del Café de Costa Rica，ICAFE）。ICAFE 在咖啡产业中涉入极深，至今依旧运行，他们设立实验农场，并在全球推广哥斯达黎加的优质咖啡。该组织的资金来源是哥斯达黎加咖啡外销获利的 1.5%。

（二）咖啡种植

哥斯达黎加的火山土壤十分肥沃，且排水性好，特别是中部高原，这里的土壤都是由厚厚的火山灰和火山尘组成的。哥斯达黎加 90% 的咖啡生产者都有小到中等规模的土地。

（三）收获与处理

哥斯达黎加咖啡的收获期为 11 月到第二年 2 月，高海拔地区会持续到 3 月。

哥斯达黎加现在大多采用水洗式处理法，为了不使除果肉后的废水直接流入河流，还专门设置了净水厂，注重环境保护。除此之外，哥斯达黎加还采用蜜处理法来处理咖啡果。

20 世纪后半叶，哥斯达黎加开始出现许多微处理厂，咖啡农们各自投注资金采购处理设备，可以自行处理大部分咖啡。他们对自己的咖啡与风味拥有更多的主动权，来自哥斯达黎加各产区的咖啡产量也在逐年增加。

（四）咖啡品种

在哥斯达黎加种植的都是阿拉比卡种咖啡树，1989 年，以国家立法形式禁止罗布斯塔种咖啡树的种植。阿拉比卡种有卡杜拉种、卡杜艾种等，此外还有衍生变种——波旁变种维

拉莎奇(Villa Sarchi),该品种咖啡豆的质量更好、更稳定。为了方便采摘,咖啡树经由不断剪枝,通常维持在 2 米左右的高度。

(五)咖啡产地

哥斯达黎加的塔拉苏(Tarrazu)是世界上主要的咖啡产地之一,位于首都圣何塞东南方向,所产咖啡风味清淡纯正,香气怡人。

其他产地还有:中央谷地(Central Valley)、奥罗西(Orosi)、三河区(Tres Rios)、布伦卡(Brunca)、西部谷地(Occidental Vally)和图里亚尔瓦山谷(Turrialba Vally)。上等咖啡一般生长在塔拉苏、中央山谷和三河区。

(六)咖啡风味

哥斯达黎加海拔高的地区出产的咖啡豆香气浓郁、酸味明显,海拔低的地区出产的咖啡豆味道平淡。

哥斯达黎加等级为 SHB(极硬豆,见表 3-2-5)的咖啡豆通常颗粒饱满,风味清澈,酸质明亮,黏稠度也十分理想,强劲的风味使尾韵在喉间回荡不绝,让人难忘。

七、巴拿马咖啡

咖啡年产量:0.7 万吨(2020 年)。
主要品种:铁皮卡种、波旁种、卡杜拉种、卡杜艾种和瑰夏种。
主要处理方法:水洗式处理法、实验性处理方式。

(一)咖啡简史

19 世纪末,欧洲移民将咖啡树带到了巴拿马。如今,咖啡种植业在巴拿马占有极为重要的经济地位。在巴拿马,许多拥有近百年历史的咖啡厂都位于迷人的浓密热带雨林山谷内。

1953 年哥斯达黎加引进瑰夏种咖啡树,后来瑰夏种被巴拿马引进作为防风林。翡翠庄园(La Esmeralda)把瑰夏种从其他品种中分离出来,精心培育,终成正果。2004—2007 年,翡翠庄园连续四年都赢得了奖项;接着在 2009 年、2010 年以及 2013 年的单一品项上赢得竞赛。此庄园的咖啡豆从一开始便打破了纪录:2004 年每磅 21 美元,2010 年攀升到每磅 170 美元。翡翠庄园有一小批日晒式处理法咖啡豆在 2013 年卖到每磅 350.25 美元,无疑成为全球最昂贵的咖啡。在 2017 年的巴拿马精品咖啡的拍卖会上,翡翠庄园的一批日晒瑰夏种咖啡豆拍到了每磅 601 美元的天价。2020 年巴拿马咖啡竞赛的水洗式咖啡豆冠军是索菲亚庄园生产的瑰夏种,每磅竞拍价格为 1300 美元。也就是说,1 千克的生豆价格高达 20000 元人民币。咖啡的高价格也有另一个重要原因:房地产。许多北美洲人都希望在这个政治稳定、风景优美且物价相对便宜的国家买房,因此需求极高,许多过去是咖啡园的土地如今已成为外侨的居所。巴拿马对劳工保障的法案也有较高的标准,咖啡采收工人的薪资较高,这样的费用也间接转嫁到了消费者身上。不过,巴拿马咖啡的品质高也是大家公认的。高价格在某些方面对全球咖啡从业者信心的提振也有意义。

(二)咖啡种植

巴拿马是位于美洲大陆中心的一个小国家,大西洋和太平洋两大洋的水域冲浸着其海滩。

巴拿马位于北纬 9°,是中央山脉的汇聚点,中美洲最高火山之一的巴鲁火山就在这里。巴鲁火山拥有超过 3477 米的海拔,其周围的土地富含营养肥沃的土壤,为巴拿马特有咖啡的播种和培育提供了充分的条件。

巴拿马雨水充沛,有时来自太平洋,有时则来自大西洋。在雨季结束时,一股冷冽的北风吹拂整个山区,减缓了咖啡果实的成熟速度,并且提升了糖分含量。午后常有乌云遮盖,避免阳光过度照射,是最理想的阿拉比卡种咖啡的生长环境。

(三)收获与处理

巴拿马咖啡的收获期为 11 月到第二年 3 月。

巴拿马的咖啡处理方式普遍为传统的水洗式,自然干燥。精品咖啡的处理方式就比较多元,很多实验性处理方式都有应用。

(四)咖啡品种

巴拿马的咖啡主要是阿拉比卡种。其种类比较多元,有铁皮卡种、波旁种、卡杜拉种、卡杜艾种和瑰夏种等。其中,卡杜拉种和卡杜艾种占大部分。瑰夏种虽然产量稀少,却是巴拿马精品咖啡品质的代表。

(五)咖啡产地

巴拿马的精品咖啡集中在西部奇里基省(Chiriqui)博克特产区及坎德拉产区。

1.博克特产区

这是巴拿马最著名的咖啡产区,名称源自博克特城。多山的地理环境创造出不少独特的微气候。相对凉爽的气候与频繁的雾气帮助减缓咖啡果实的成熟过程,不少人认为这与高海拔有异曲同工之妙。此产区美丽的自然景观也推动了近年来的观光热潮。

2.坎德拉产区

此产区与哥斯达黎加为邻,出产巴拿马大多数的食物与某些令人惊艳的咖啡。产区名称源自巴鲁火山及坎德拉市。

(六)咖啡风味

巴拿马的铁皮卡种咖啡香味优美醇厚;卡杜拉种咖啡酸味强烈,口感浓郁;瑰夏种咖啡有茉莉、柑橘、成熟水果、浆果、焦糖、特殊甜味、香草、巧克力等多种风味,甜度浓烈。

八、美国咖啡

咖啡年产量:0.26 万吨(2020 年)。

主要品种:铁皮卡种、红卡杜艾种。

主要处理方法:水洗式处理法、日晒式处理法。

(一)咖啡简史

美国唯一一个种植咖啡的州是夏威夷州。1813 年,一个西班牙人首次在夏威夷瓦胡岛马诺阿谷(Manoa Valley)种植咖啡。1825 年,一位名叫约翰·威尔金森的英国农业学家从巴西移植来一些咖啡树种在瓦胡岛伯奇酋长的咖啡园中。1828 年,一个名叫萨缪尔·拉格斯(Samuel Ruggles)的美国传教士将伯奇酋长咖啡园中咖啡树的枝条带到了科纳(Kona)。

这种咖啡是最早在埃塞俄比亚高原生长的阿拉比卡种咖啡树的后代,直到今天,科纳咖啡仍然延续着它高贵而古老的血统。

(二)咖啡种植

美国夏威夷洲有着充足的降雨和阳光,出产科纳咖啡的夏威夷岛位于北纬19°～20°的亚热带,较为凉爽,冬季最低温度也在12℃以上,没有霜冻。夏威夷拥有世界上最大的冒纳罗亚火山(Mauna Loa)和冒纳凯阿火山(Mauna Kea),提供了肥沃的火山土,排水效果佳,午后有厚云遮阳,日夜温差大。海拔在300～1000米,海拔虽然不高,但咖啡生长环境优质,科纳被称为"低海拔咖啡之后"。

夏威夷咖啡的种植一直采用家庭种植模式。最初,只有男人被允许在咖啡园工作,后来女人也加入其中。这种家庭生产模式,使得夏威夷人更愿意依靠家人的努力而不是雇用工人来干活。

后来,从菲律宾、美国本土和欧洲来到夏威夷的移民开始从事咖啡种植业,久而久之,夏威夷形成了一种以家庭文化为中心,同时易于吸纳外来文化的社会氛围,并使其成为夏威夷的一大特色。

(三)收获与处理

美国夏威夷州的咖啡收获期是每年10月到第二年1月。

科纳咖啡采用水洗式处理法和日晒式处理法。夏威夷洁净甘甜的山泉水提供了进行水洗式处理法最理想的条件,这种方法造就了科纳咖啡豆光亮清透的外表和纯净清新的味道。洗过的咖啡豆就放在巨大的平板上由阳光自然晒干。

近年来,采用半水洗式处理法的庄园有所增加。有些庄园还使用另类的海水水洗式和可乐水洗式处理法。

(四)咖啡品种

夏威夷咖啡都是阿拉比卡种,是铁皮卡种咖啡的典型代表。

(五)咖啡产地

美国夏威夷州的咖啡被种植在夏威夷群岛的五个主要岛屿上,它们分别是瓦胡岛(Oahu)、夏威夷岛(Hawaii)、毛伊岛(Maui)、考爱岛(Kauai)和莫洛凯岛(Maolokai)。

科纳咖啡是其中上品。只有栽植于夏威夷南端大岛的西科纳地区,即从冒纳罗亚火山与冒纳凯阿火山区、北从凯卢阿科纳(Kailua-Kona)南至霍纳吾纳吾(Honaunau)约1400公顷的狭长地带,才能标上100%科纳咖啡认证标志,其他岛上的咖啡只能够打上瓦胡岛、毛伊岛等标志来区分。

近年来,位于冒纳罗亚火山南侧的卡乌(Ka'u)咖啡异军突起,声名大噪。

(六)咖啡风味

美国夏威夷咖啡柔滑、浓香,具有诱人的坚果香味和柑橘酸味,没有厚重感,香气宜人。

九、玻利维亚

咖啡年产量:0.45万吨(2020年)。

主要品种:铁皮卡种、卡杜拉种、卡杜艾种和卡蒂姆种。

主要处理方法：水洗式处理法、实验性处理方式。

(一)咖啡简史

玻利维亚咖啡起源可以追溯到1880年，当时的生产基本是与首都拉巴斯(La Paz)以北的一些大型农场的所有者有关。1991年，政府推动了一项计划，旨在鼓励原住民投入种植玻利维亚咖啡，但是并未重视品质。对玻利维亚咖啡农而言，最主要的问题向来就是他们很难赚到足够的钱，来支持长期种植咖啡，为了弥补不足，他们必须种植其他作物，主要是古柯(coca)，古柯叶可用来制造可卡因，在玻利维亚种植古柯是合法的。在政府的鼓励下，种植古柯的利润是咖啡的四倍，而且比种咖啡容易得多，这造成许多农民弃咖啡而去。

种植古柯必须使用大量的化学农药与肥料，对土壤的破坏极大，换言之种完古柯数年之后，土壤转为贫瘠，无法栽种任何作物。在21世纪初期，美国曾经大力支持玻利维亚的农业，但由于玻利维亚政府后来支持古柯种植，导致与美国的关系恶化，咖啡农受苦最深。

2013年，叶锈病使玻利维亚丧失了约50%的咖啡产量。政府鼓励种植古柯以及叶锈病肆虐等因素使得过去十年间玻利维亚的咖啡产量减少了70%，沦为咖啡生产的小国。

(二)咖啡种植

玻利维亚的咖啡生产以小农生产系统为主，全国拥有2万多个大小介于2~9公顷的小型农场。比较特别的是，玻利维亚的咖啡大约有40%为内销。玻利维亚的咖啡种植几乎都采用有机方式。

(三)收获与处理

玻利维亚咖啡的收获期为7—11月。

玻利维亚的农民主要采用水洗式处理生豆，有些偶尔也会使用日晒式处理法或蜜处理法等方式。玻利维亚比其他的咖啡原产国气候更为寒冷，所以很多农民会采用机器干燥而非日晒干燥。

(四)咖啡品种

玻利维亚主要的咖啡品种是阿拉比卡种，以铁皮卡种、卡杜拉种、卡杜艾种与卡蒂姆种为主。

(五)咖啡产地

玻利维亚最著名的产区是拉巴斯，包含卡拉纳维(Caranavi)、荣加斯(Yungas)、因基希维(Inquisivi)等地区。

荣加斯位于卡拉纳维省，拉巴斯市的东北部，玻利维亚约95%的咖啡便产自这里。沿着安第斯山脉东坡延伸的广阔森林，这是一片肥沃的土地，海拔800~1800米，多雨、潮湿和温暖的气候使其成为咖啡生产和种植的有利区域。该地区最著名的就是全世界最危险公路之一，昵称为死亡之路的Yongas Road，这条略也被称作"世界最危险的公路"。

(六)咖啡风味

玻利维亚的优质咖啡大多有很高的干净度和甜感，带有水果调性。

十、古巴

咖啡年产量：0.75万吨(2020年)。

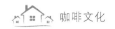

主要品种:铁皮卡种、波旁种、卡杜拉种、卡杜艾种、卡蒂姆种等。

主要处理方法:水洗式处理法、日晒式处理法。

(一)咖啡简史

古巴咖啡在 1748 年由伊斯帕尼奥拉岛(Hispaniola)传入,不过一直要到 1791 年逃离海地革命的法国移民进入后,才开始有所谓的咖啡产业。到了 1827 年,岛上有约 2000 座咖啡园(见图 6-2-3),咖啡也成为主要的外销产品,获利多于制糖业。20 世纪 50 年代古巴革命后,随之而来的是咖啡园的国有化以及产量的大幅减少。那些愿意种植咖啡的人没有任何经验,而先前在咖啡园的农民则因战争逃离古巴。咖啡的种植在岛上经历了一段时间的动荡,政府也没有采取任何奖励措施来推动咖啡产业,不过咖啡产量倒是在 20 世纪 70 年代达到高峰,每年可生产约 3 万吨咖啡。

图 6-2-3　古巴东南部第一家咖啡庄园,出现于 19 世纪

图片来源:https://mail.lacgeo.com/first-coffee-plantations-southeast-cuba.

在古巴咖啡产业发展举步维艰的同时,其他中美洲的咖啡产国则在国际市场上获得了极大的成功。苏联的解体使得古巴变得更为孤立,而美国对古巴的贸易禁运,更是让古巴的咖啡产业雪上加霜。日本是古巴咖啡的主要进口国,欧洲也是个重要市场。境内最优质的咖啡多半外销出口,通常占总产量的 1/5,其他则在国内消费。古巴的咖啡产量不敷国内市场需求,2013 年更是花费近 4000 万美元在进口咖啡上。进口到古巴的咖啡品质并非最高,因此价格相对便宜。但是居高不下的市价迫使古巴必须在咖啡豆中掺入烤豌豆才能有足够的产量。现今古巴咖啡的产量依旧相当低,每年生产 6000～7000 吨。许多设备都很老旧,多数生产者仍依赖骡子进行运输。道路往往因着雨季与超载而受损,而且也没有定期维护。咖啡通常经日晒风干,有时则采用机器干燥。外销的咖啡通常采用水洗式处理法。古巴的气候与地形很适合咖啡生长,而其较少的年产量更增加了咖啡的价值。不过生产者若想要产出高品质咖啡,仍要面对极大的挑战。

（二）咖啡种植

古巴全境大部分地区属热带雨林气候,仅西南部沿岸背风坡为热带草原气候,年平均气温 25℃。除少数地区外,年降水量在 1000 毫米以上,适于热带作物生长,咖啡树为喜阳作物,充足的阳光为其生长提供了良好的条件。

古巴咖啡的种植区域分为三大块,分别栽种于在海拔 1000～2000 米的山坡和峡谷。几乎全是避荫种植。

（三）收获与处理

古巴咖啡的收获季节在 9 月至第二年 1 月,高峰在 10—11 月。以水洗式处理法为主。

（四）咖啡品种

古巴种植的咖啡品种以铁皮卡种为主。

（五）咖啡产地

古巴境内以平原为主,也不乏适宜种植咖啡的山区,如马埃斯特腊山(Sierra Maestra)、埃斯坎布雷山(Sierra Del Escambray)等。

（六）咖啡风味

古巴咖啡带着岛屿咖啡特有的口感、相对低的酸度,醇厚度浓郁。

十一、厄瓜多尔咖啡

咖啡年产量:3 万吨(2020 年)。
主要品种:铁皮卡种、卡杜拉种、波旁种等。
主要处理方法:水洗式处理法。

（一）咖啡简史

1860 年,马纳维省(Manabi)的希皮哈帕区(Jipijapa)首次引入了咖啡。1875 年,一个名叫科沃斯(Manuel J. Cobos)的土著人在圣克里斯托巴尔岛建立了第一个咖啡种植园,取名为哈森达咖啡园(Hacienda El Cafetal),在种植园里种植了阿拉比卡种咖啡。1903 年,厄瓜多尔咖啡开始从曼塔港口出口到几个欧洲国家。20 世纪 20 年代末,由于可可受到疾病的威胁,咖啡成为厄瓜多尔的主要出口农产品。1935 年,咖啡出口量增加到 22 万袋。1985 年,咖啡出口量为 181 万袋。20 世纪 80—90 年代,由于产品供过于求,咖啡危机到来,厄瓜多尔的咖啡产量开始大幅下降。2001 年,年产量恢复到 106.2 万袋。2001—2017 年,由于本地劳动力成本高于周边国家,厄瓜多尔咖啡产业逐渐开始没落。2018 年以来,由于精品咖啡的崛起以及当地农民和烘焙商的努力,厄瓜多尔咖啡产业再次起飞。

（二）咖啡种植

厄瓜多尔位于南美洲,境内地貌复杂,生物多样性丰富。赤道横跨厄瓜多尔,气候条件多样,而热带气候为厄瓜多尔的咖啡种植提供了充沛降雨。在厄瓜多尔,咖啡的总种植面积约为 20 万公顷,其中约 8.5 万公顷种植阿拉比卡种、11 万公顷种植罗布斯塔种。厄瓜多尔的咖啡园种植面积普遍不大,以小型农场为主,约 80％咖啡园的种植面积小于 5 公顷,13％的种植面积为 5～10 公顷,拥有 10 公顷以上种植面积的咖啡园只占约 7％。在厄瓜多尔,

有为数不少的小型农场主,他们的农场里只有 2～3 公顷的面积是用于种植咖啡的,其余面积则不得不为了谋生而种植其他作物,如可可、棉花和甘蔗等。

(三)收获与处理

厄瓜多尔咖啡全年都可以收获,主要收获期为 4—10 月或者 6—9 月,12 月到第二年 2 月也有收获。基本采用手工采摘方式。

厄瓜多尔的咖啡以水洗式处理法为主,采用全水洗式或双重水洗式,这种处理方式可以生产出口感更为干净的咖啡。目前,日晒式处理法和蜜处理法呈增长趋势,尤其是在洛哈(Loja)产区。

(四)咖啡品种

厄瓜多尔是同时可以生产阿拉比卡种咖啡豆和罗布斯塔种咖啡豆的国家。阿拉比卡种咖啡豆的品种有铁皮卡种、波旁种、萨奇莫种、西德拉种(Sidra)等,其中,波旁种是主要种植品种。

(五)咖啡产地

厄瓜多尔全国都适合种植咖啡。咖啡种植区域主要是位于安第斯山脉的西部丘陵地带,以及沿海马纳维省的丘陵地带。罗布斯塔种咖啡主要种植在亚马孙地区,而阿拉比卡种咖啡则主要种植在沿海地区。厄瓜多尔是世界上海拔最高的阿拉比卡种咖啡种植地。

萨莫拉钦奇佩省——位于洛哈省的东边,不过仅生产 4% 阿拉比卡种咖啡,采用有机种植方式。

马纳维省——厄瓜多尔近 50% 的阿拉比卡种咖啡产自此地。但都种在海拔 700 米以下,并不具有生产优质咖啡的地理条件。

加拉帕戈斯群岛——出产少量咖啡。

洛哈省——大约 20% 的阿拉比卡种咖啡来自这个多山的南部产区。从地理环境的角度看,此地区拥有生产优质咖啡的条件。不过此地区容易遭受恶劣气候的侵袭而成为病虫害攻击的对象,2010 年就发生过这种情况。

埃尔罗省——这个海岸区域位于西南部,包括安第斯山区,占全国年产量的 10%,主要集中在萨鲁马附近。

(六)咖啡风味

厄瓜多尔的咖啡经常被描述为具有甜美口感和复杂风味,有很好的酸度。

十二、秘鲁咖啡

咖啡年产量:3 万吨(2020 年)。
主要品种:铁皮卡种、卡杜拉种、卡杜艾种、波旁种、新世界种、卡蒂姆种等。
主要处理方法:水洗式处理法。

(一)咖啡简史

1740—1760 年,咖啡传入秘鲁,而直到 100 多年以后的 1887 年,咖啡才外销至德国与英格兰。20 世纪,秘鲁政府因拖欠英国政府的贷款,最后只得以秘鲁中部 200 万公顷的土地作为偿还,这些土地中 1/4 变成了种植园,其中的农作物就包括咖啡。从高海拔地区来到此地工作的移民有很多,有些移民在英国人离开秘鲁后买下了土地,最终拥有了土地。

20世纪中叶,秘鲁为了鼓励咖啡产业发展出台了一系列刺激政策,包括给咖啡农提供贷款和税费补助等。到了70年代,拉美国家思潮发生改变,认为南方国家经济不发达的根源在于国际经济体系中的不等价交换与不公平的分配机制,同时又因为《国际咖啡协定》(International Coffee Agreement)对咖啡售价有了最低画线,秘鲁政府也就放弃了对咖啡的鼓励政策。自政府撤销对产业的支持后,咖啡产业陷入混乱。之后,咖啡的质量与秘鲁的市场地位更因时事动荡而遭到破坏。

秘鲁咖啡产业遗留的缺口近年来开始由非政府机构填补,如公平贸易组织;如今秘鲁咖啡多半拥有公平贸易认证。越来越多的土地被用来种植咖啡,1980年境内的咖啡种植面积约为62000公顷,如今约为95000公顷。但其基础设施仍不够完善,对生产高品质咖啡来说,这仍旧是个挑战。

咖啡是秘鲁最重要的出口农业产品。早在2008年,秘鲁农业部就通过立法,将每年的8月28日定为秘鲁"咖啡节",以此推广秘鲁咖啡的种植与消费。

(二)咖啡种植

高海拔带来的高原气候,以及适宜的温度、湿度、光照和肥沃的土壤,这些得天独厚的地理优势,拉长了咖啡豆的生长期,为种植高品质的阿拉比卡种咖啡豆提供了完美的条件。秘鲁同时也是世界上第二大有机咖啡生产国,富含矿物质的有机土壤加上小型农场种植模式,坚持用天然肥料代替化肥,手工采摘和挑选,使得秘鲁有机咖啡的品质日益出色。

作为一种脆弱的有机作物,咖啡天生就该生长在庇荫之下,才能减慢生长速度、减少灌溉用水、预防水土流失。在秘鲁,农民们使用遮阴种植的方式,让咖啡回归自然生态,同时也让昆虫、鸟类等在此生存栖息。

秘鲁的小型农场主们比谁都了解可持续种植的重要性,因此秘鲁咖啡通过了多项可持续标准的认证,保护健康的雨林、动植物生态、河流和土地。可以说,在保证口感优良的前提下,秘鲁咖啡还代表了健康、可持续以及环境友好。

(三)收获与处理

秘鲁咖啡的主要收获期在3—9月。采用手工采摘法。

秘鲁的咖啡以水洗式处理方法为主。

(四)咖啡品种

在秘鲁的北部、中部、南部三个咖啡产区,70%的咖啡品种是铁皮卡种,20%是卡杜拉种,其余的是卡蒂姆种等其他品种。

(五)咖啡产地

秘鲁最优质的咖啡产于查西马约(Chanchmayo)、库斯科(Cuzco)、诺特(Norte)和普诺(Puno)等地。

1. 卡哈马卡省

卡哈马卡省位于秘鲁北部,以区内首府命名,包括秘鲁境内的安第斯山。受益于赤道气候与土壤,此地适合种植咖啡。多数生产者皆为小农,不过相当有组织性,也都隶属于生产者组织,借此得到技术上的帮助以及培训、贷款、社区发展等方面的协助。

2. 胡宁省

胡宁省生产 20%～25% 的秘鲁咖啡,咖啡在此与雨林交织生长。20 世纪 80 年代至 90 年代,此区因为战乱,对咖啡树疏于管理,导致植物疾病开始散布。咖啡产业在 20 世纪 90 年代晚期几乎从零开始重新发展。

3. 库斯科省

库斯科省位于秘鲁南部,咖啡是在此区盛行的农作物古柯的合法替代物。多数咖啡由小农种植而非大型庄园。

4. 圣马丁省

圣马丁省位于安第斯山之东,许多咖啡农的种植面积仅有 5～10 公顷。过去这里是古柯的主要产区,如今区内的共同合作社已开始推广咖啡之外的其他作物,例如可可与蜂蜜。此区的贫困人口也因此大幅减少。

(六)咖啡风味

秘鲁的优质咖啡香气迷人,果酸明亮,口感上佳,相对缺乏复杂度。

第三节　亚洲及大洋洲咖啡评鉴

一、印度尼西亚咖啡

咖啡年产量:74.4 万吨(2020 年)。
主要品种:铁皮卡种、蒂姆种、罗布斯塔种。
主要处理方法:水洗式处理法、苏门答腊式处理法(湿刨法)。

(一)咖啡简史

1696 年,当时荷兰驻印度的总督将一批咖啡苗送给荷兰驻巴达维亚 Batavia(今雅加达)的总督,这是印度尼西亚首次种植咖啡。不过,这第一批咖啡苗被洪水冲毁。1699 年,巴达维亚再次接受馈赠,这一次,咖啡苗顺利成活下来,并在 1701 年迎来第一次收获,开启了印度尼西亚的咖啡之旅。

最初,咖啡种植于雅加达及附近区域,后来,种植区域逐渐扩大到爪哇中部及东部,苏拉威西岛、苏门答腊岛、巴厘岛也开始种植。与此同时,在印度尼西亚东部,当时隶属葡萄牙领地的弗洛勒斯岛及帝汶岛也有咖啡种植,只是咖啡苗的源头不同。

1711 年,印度尼西亚咖啡就开始供应欧洲市场,那时,印度尼西亚是除非洲及阿拉伯之外,第一个大规模种植咖啡的国家。18 世纪 80 年代,印度尼西亚成为当时世界最大咖啡出口地。爪哇咖啡的声名始于此。

印度尼西亚咖啡的繁荣未能持续,18 世纪末咖啡生产受到致命打击,最初发现于西爪哇的叶锈病迅速蔓延,摧毁了印度尼西亚的阿拉比卡种咖啡庄园。印度尼西亚咖啡贸易的领先地位被美洲产国取代。不过,值得一提的是,这场叶锈病灾难并没有祸及东部印度尼西亚产区,即弗洛勒斯岛和帝汶岛。现今,帝汶岛上的某些咖啡树,其基因可以追溯到 16—17 世纪。

（二）咖啡种植

印度尼西亚所产咖啡约 90% 由小型农户生产。

（三）收获与处理

印度尼西亚产区通常有两个收获期,主收获期出现在 9—10 月,次收获期在 5—6 月。

阿拉比卡种咖啡会采用手工采摘,手工采摘的工人享受最低工资保障,在此基础上有绩效工资。

爪哇岛所产咖啡传统上以水洗方式进行处理,苏门答腊岛及苏拉威西岛则以极具印度尼西亚特色的"湿刨法"著称。咖啡处理中的干燥方式视情况不同:遮雨棚的高架床干燥、露台晾晒、路边晾晒等方式都有使用。

苏门答腊岛还有一种特殊的处理方式——体内发酵处理。当地有一种俗称"麝香猫"(Luwak)的树栖野生动物,喜欢挑选咖啡树中最成熟香甜、饱满多汁的咖啡果实当作食物。而咖啡果实经过它的消化系统,被消化掉的只是果实外表的果肉,那些坚硬无比的咖啡原豆随后被麝香猫的消化系统原封不动地排出体外(见图 6-3-1)。

图 6-3-1　闻名遐迩的印度尼西亚猫屎咖啡

这样的消化过程让咖啡豆产生了无与伦比的神奇变化,风味趋于独特,味道特别香醇,丰富圆润的香甜口感也是其他的咖啡豆所无法比拟的。这是由于麝香猫的消化系统破坏了咖啡豆中的蛋白质,让由于蛋白质而产生的咖啡的苦味少了许多,反而增加了这种咖啡豆的圆润口感。

（四）咖啡品种

最初,印度尼西亚咖啡为阿拉比卡种,18 世纪末的叶锈病灾难摧毁了阿拉比卡种咖啡庄园。此后,荷兰人尝试种植利比里卡种,后来,开始大规模种植罗布斯塔种。

现在,在印度尼西亚生产的咖啡中,阿拉比卡种占 10%～15%,其余为罗布斯塔种,利比里卡种虽有产出,但是基本不在咖啡贸易之列。

（五）咖啡产地

爪哇岛是最古老的产区,爪哇咖啡的盛名从 18 世纪印度尼西亚咖啡辉煌时代延续至今。提到爪哇咖啡,仍能令人联想到优质美味,当时最著名的拼配咖啡就是以印度尼西亚爪哇咖啡搭配也门摩卡咖啡。此外,爪哇产区还有极负盛名的陈年咖啡（Aged Coffee）,或者称作季风咖啡（Monsooned Coffee）。

苏门答腊岛是最具传奇风味的产区,知名咖啡标识包括曼特宁（Mandheling）、林东（Lintong）等。

苏拉威西岛,知名咖啡包括特拉加（Toraja）。

此外,巴厘岛、弗洛勒斯岛、帝汶岛也是重要的咖啡产区。

（六）咖啡风味

苏门答腊岛著名的曼特宁咖啡,口味浓重,带有浓郁的醇厚度、馥郁而活泼的动感,不涩不酸,醇厚度、苦度均可。苏拉威西岛的特拉加咖啡甜度足,口感浓郁而厚实饱满,有柔和清新的香味。

二、也门咖啡

咖啡年产量:0.6 万吨（2020 年）。

主要品种:原生种。

主要处理方法:日晒式处理法。

（一）咖啡简史

也门的咖啡种植历史悠久,因为也门曾经有一个名叫摩卡的港口输出咖啡,所以也叫摩卡咖啡。摩卡港位于曼德海峡以北的红海沿岸,与亚丁（Aden）的陆路距离约 100 公里。另外,由于非洲东北角埃塞俄比亚等国种植的咖啡与也门咖啡同根同源,所以也一起称为摩卡咖啡。

但是从 19 世纪起,由欧洲水手带回国的咖啡种子被成功繁殖,荷兰、法国和葡萄牙等国纷纷开始在它们的殖民地种植咖啡,并逐渐在数量上超过了也门。欧洲大国控制并垄断了咖啡贸易,致使摩卡港的咖啡出口业不断萎缩。尽管如此,在 20 世纪初,也门每年的咖啡出口量仍能达到 2 万吨左右。而如今,当年摩卡港的原址早已废弃,也门摩卡咖啡的出口地主要是在北部的荷台达港。

也门人自古就有饮用咖啡的习惯,这里有着与世界其他地区截然不同的咖啡文化。在也门,有很多从事咖啡收购和储存的中间商,每年新收购来的咖啡并不急于销售,种植咖啡的农民也把在家中囤积咖啡当作一种储蓄手段,真正进入市场的往往是已经库存几年的旧咖啡豆。由于也门气候干旱少雨,这些咖啡豆的含水量非常低,这也造就了也门咖啡十分独特的口味。

也门以咖啡花为国花（见图 6-3-2）,以咖啡树为国树。

（二）咖啡种植

也门西部的红海沿海平原,气候和水土条件并不适合种植咖啡,咖啡的产地主要在西部山区。摩卡咖啡生长在海拔 3000 米的山地,那里地理环境独特,山地崎岖,空气稀薄,光照

图 6-3-2　也门国花——咖啡花

强烈，水分则来自降雨和山泉，这些条件造就了摩卡咖啡特殊的香气和口味。当地农民在山坡上开辟出肥沃的梯田。直到今天，这些地区种植咖啡的方式仍和三四百年前一样，完全凭借人工劳作，绝不使用任何化肥和农药，靠着阳光、雨水和特有的土壤种植出纯天然的也门咖啡。事实上，在海地、埃塞俄比亚和西印度群岛种植的咖啡与也门咖啡属于同一血统，其中也有不少被冠以摩卡咖啡之名。但是，由于种种原因，它们的口味和芳香与也门生产的摩卡咖啡截然不同。

（三）收获与处理

也门咖啡的采摘和加工完全由手工完成。咖啡豆的初步加工使用日晒式，在阳光下自然风干。这种方法最原始，也最简单，不使用任何机械，也不经过清洗，所以有时候也门咖啡豆中会有少量的沙粒和小石子。目前，世界上只有巴西、海地以及印度少数地区仍在使用日晒式处理咖啡豆。咖啡烘焙过程也完全由手工完成，火候完全依赖于经验和感觉。从种植、采摘到烤制，每一道工序都用最古老的方式完成。尽管这样烤制出的咖啡豆颜色不一，但正是这种夹杂着粗犷和野性味道的芳香，造就了独一无二的也门摩卡咖啡，难怪有人将摩卡咖啡称为"亚洲咖啡王冠上的钻石"。

（四）咖啡品种

也门保留了从埃塞俄比亚带来的古老咖啡品种，全是阿拉比卡种。

（五）咖啡产地

也门咖啡根据其具体产地的不同而有各自不同的名称，主要的种类有 13 种，尽管口味和香味略有不同，但还是被统称为摩卡。在也门全境 22 个省份中，有 12 个省份种植咖啡，主要产区有萨那（San'a）、赖马（Raymah）、迈赫维特（Mahwwet）、萨达（Sa'dah）和哈杰（Hajjah）。

萨那是也门首都,平均海拔 2200 米,它是也门最大的咖啡产区。

(六)咖啡风味

也门摩卡咖啡果实较小、密度高、酸度大,香味独特,与其他著名咖啡品种相比,其酸味较浓,还有麦芽、坚果、葡萄酒、巧克力和其他香料的混合味道,口感平滑,气味芬芳。

也门人爱咖啡是出了名的,他们把咖啡定为国花,不过即便如此,当地人也没有埃塞俄比亚人那样喝咖啡的习惯。也门人喜欢将咖啡果肉和豆蔻、生姜等一起熬水来喝,这种饮品被称为咖许(Qishr,见图 6-3-3)。

图 6-3-3   也门传统饮品——咖许,再次以果皮茶的形式流行起来

三、巴布亚新几内亚咖啡

咖啡年产量:4.05 万吨(2020 年)。

主要品种:蓝山种、波旁种、阿鲁沙种。

主要处理方法:水洗式处理法。

(一)咖啡简史

咖啡行业在巴布亚新几内亚的经济中占有很重要的地位,直接和间接从事该行业的人有 100 多万。政府主要通过提供最低收购价,来鼓励种植咖啡。咖啡行业本身由咖啡工业委员会(Coffee Industry Board)控制,出口业务则由私营公司办理。

1975 年的霜冻毁坏了巴西的大多数咖啡作物,但刺激了巴布亚新几内亚咖啡业的发展。巴布亚新几内亚政府实行了一项计划,资助农村或集体土地拥有者创建了约 20 公顷的咖啡种植园。这个措施确实提高了咖啡种植在地方经济中的渗透力,到 1990 年,咖啡年产量已达 100 万袋。

然而生产的猛增带来的却是咖啡质量的下降。1991 年后,巴布亚新几内的咖啡质量逐渐滑坡，随之失去了欧洲市场。为此，政府建立了新的质量等级，暂时停止生产劣质咖啡，不再实行"一个等级一个价格"的政策。这就使得买主能按质论价，而这也必然对出产劣质咖啡豆的农户收入产生影响。到 1993 年，质量问题基本得到了解决，大多数老客户又开始从巴布亚新几内亚购买咖啡了。

（二）咖啡种植

巴布亚新几内亚有着超然、原始的自然环境，土地辽阔而肥沃。它特有的火山土和丰沛的降雨量，以及中央高原超过 1500 米的海拔条件，为咖啡的生长创造了优良的自然环境。在巴布亚新几内亚，大约 75％的咖啡产品来自小型的地方农场。很多农场在森林地带开垦土地，有些农场处在森林深处，几乎与世隔绝。该国的咖啡大多种植于海拔 1300～1800 米的高地，质量很高。虽然也有一些咖啡种植在低海拔地区，但产量极少。由于将化肥和农药等运到农场的费用较高，因此巴布亚新几内亚种植的咖啡大多依赖自然条件生长。

（三）收获与处理

巴布亚新几内亚的咖啡收获期一般在每年的 4—9 月。其咖啡处理方式几乎全采用水洗式处理法，通过自然日晒进行干燥。

（四）咖啡品种

巴布亚新几内亚的咖啡品种引自牙买加的蓝山咖啡，属于铁皮卡种，是纯正的阿拉比卡种。此外，还有波旁种和阿鲁沙种（Arusha）。

（五）咖啡产地

以蒙特哈根为中心的西部地区，其产量约占全国咖啡总产量的 45％；以戈罗卡为中心的东部地区，其产量约占全国咖啡总产量的 30％。

（六）咖啡风味

巴布亚新几内亚的咖啡口感变化多端，有类似中南美洲咖啡的风味品质，有着怡人的酸质和果实般的甜味，有时还有橘香和花果味、焦糖甜味以及巧克力香。

四、越南咖啡

咖啡年产量：174 万吨（2020 年）。
主要品种：罗布斯塔种。
主要处理方法：日晒式处理法。

（一）咖啡简史

1860 年左右，一些法国传教士将咖啡带到越南。他们最初是在教堂附近种植咖啡。一直到了 1920—1925 年，法国人开始在西原地区大面积开垦咖啡园。

法国那时候正盛行滴滤式咖啡，当时入侵越南的法国士兵更会随身携带着咖啡和滴滤壶，而随着越南被殖民化，越南人逐渐接受咖啡，渐渐形成了喝咖啡的习惯。越南咖啡的喝法不是用咖啡壶煮，而是用一种特殊的滴滤咖啡杯，我们称之为滴滴壶。越南滴滴壶体积很小，十分轻便，易于携带，是一个铝制或不锈钢制的直径 7 厘米左右的圆筒，底部是密密麻麻的小孔，把半研磨的咖啡粉平铺在筒底，压紧盖子，放到已经调味好的咖啡杯上，倒上热水，然后等待。咖啡粉被热水完全浸泡后，香醇的咖啡便会顺着筒底的小孔一滴一滴地滴到

下面的咖啡杯里,这样滴完一杯咖啡至少要五六分钟,遇到研磨充分的咖啡粉更要等上十几分钟才可以。之后再按自己的口味混合糖或奶,越南人喜欢在热咖啡里放很多糖和甜腻的炼乳。

在一个多世纪的时间里,越南的咖啡产业有了突飞猛进的发展,目前紧随巴西,成为全世界第二大咖啡出口国。

(二)咖啡种植

越南的地理位置十分有利于咖啡种植,越南南部属湿热的热带气候,适合种植罗布斯塔种咖啡,北部适于种植阿拉比卡种咖啡。越南咖啡种植面积约 50 万公顷,10%~15% 属各国有企业和农场,85%~90% 属各农户和庄园主。小型庄园的面积通常为 2~5 公顷;大型庄园的面积通常为 30~50 公顷,但数量不多。越南咖啡在越南出口的各项农产品中仅次于大米,名列第二。越南每年约有 30 万农户从事咖啡种植,劳动力达 60 万人,在 3 个月的收获期中劳动力可达 70 万~80 万人。咖啡业吸收了大批劳动力(见图 6-3-4),从业人员约占全国劳动力总数的 1.83%、占农业劳动力总数的 2.93%。

图 6-3-4　越南咖啡业吸收了大批劳动力

图片来源:https://www.davebardenworldcyclist.com/wp-content/uploads/2019/01/Vietnam-Coffee-plantation-workers-Central-Highlands.jpg.

(三)收获与处理

越南咖啡的收获期为 10 月到第二年 1 月。

越南的罗布斯塔种咖啡以日晒式处理为主,咖啡收购回来后利用太阳能进行晾晒。如收获季节遇到连续阴雨天气,可以烧煤或柴来烘干。

越南的阿拉比卡种咖啡则大多采用水洗式处理。

(四)咖啡品种

目前越南绝大多数的咖啡树都是罗布斯塔种,因为 19 世纪中叶时出现的叶锈病使得越南的阿拉比卡种咖啡树几乎被摧毁殆尽,改种的都是耐叶锈病害的罗布斯塔种咖啡树。

越南北部种植有少量的阿拉比卡种咖啡。

(五)咖啡产地

越南最好的咖啡产地是中西部中央高原多乐省(Dak Lak)的邦美蜀(Buon Ma Thuot),它是世界十大最佳咖啡产地之一。

(六)咖啡风味

越南的罗布斯塔种咖啡主要用来制作速溶咖啡。越南的阿拉比卡种咖啡香味较浓,酸味较淡,口感细滑湿润,香醇中微含点苦,芳香浓郁。

五、印度咖啡

咖啡年产量:34.2万吨(2020年)。

主要品种:肯特种、S795、S274、罗布斯塔种。

主要处理方法:日晒式处理法、水洗式处理法、季风处理法。

(一)咖啡简史

1670年,一位印度的伊斯兰教修行者巴巴布丹(Baba Budan)前往阿拉伯麦加朝圣,他在也门摩卡发现了一种叫作咖瓦(Qahwa)的黑色和甜味液体形式的饮料。他发现这种饮料令人耳目一新,于是在长袍中藏了七颗咖啡种子走私回国。朝圣归来后,巴巴布丹将从摩卡带回的七颗种子种在了他位于卡纳塔克邦奇克马加卢尔(Chickmagalur)的隐居处的院子里。1840年,印度的第一个种植园建立在巴巴布达吉里及其周边卡纳塔克邦的山丘上。19世纪中叶,英国统治期间,咖啡种植在印度蓬勃发展,迅速传播到印度南部。英国人发现印度南部的丘陵地区更适合种植咖啡,便在那里种植了咖啡树。19世纪70年代,叶锈病影响了咖啡的产量,以至于许多地方的咖啡种植园被茶园取代。然而,印度咖啡产业不像锡兰那样受到叶锈病的毁灭性影响,尽管在规模上被茶叶行业所掩盖,印度仍然是英国和英属殖民地的咖啡生产基地之一。1942年,政府通过法案规范咖啡出口,保护小农利益。根据该法案,印度工商部成立了咖啡委员会,加大了对咖啡出口的控制力度。这种做法降低了农民生产高品质咖啡的积极性,导致印度咖啡的质量停滞不前。1991年,印度开始实行经济自由化,咖啡行业充分利用了这一点和更低廉的生产劳动力成本。1994年,自由销售配额(FSQ)允许所有种植者在国内或国际上销售70%~100%的咖啡。1996年,最终修正案规定,全国所有咖啡种植者都可以自由地在任何地方销售他们的产品。如今,印度的咖啡种植面积约为454万公顷,大约有25万咖啡种植者。

(二)咖啡种植

印度全境炎热,大部分地区属于热带季风气候,而印度西部的塔尔沙漠则是热带沙漠气候。夏天时有较明显的季风,冬天则较无明显的季风。印度气候分为雨季(6—10月)、旱季(3—5月)以及凉季(11月到第二年2月),冬天时受喜马拉雅山脉屏障影响,并没有寒流或冷高压南下影响印度。

印度大约有25万咖啡种植者,其中98%是小农。印度的咖啡种植面积约为454万公顷,其中超过90%是面积不超过4公顷的小型农场。所有咖啡树都是在阴凉处种植的,通常都带有两层阴凉处。这些咖啡通常与豆蔻、肉桂、丁香和肉豆蔻等香料间作,通过间作,让咖啡风味独特。

(三)收获与处理

印度咖啡的加工方法包括日晒式处理法和水洗式处理法,现在蜜处理方法也很流行。季风处理法是印度独有的咖啡处理法。印度咖啡采用手工采摘法。自然日晒和烘干是印度咖啡农最常采用的干燥方式。

拓展阅读

印度的季风处理法

每年的 5—6 月,在印度的西南部会出现季风现象,季风咖啡需以日晒豆来做,咖啡农将豆子平晒在季风厂里,有 12~20 厘米的厚度,放置 5 天,再一遍又一遍地用耙子梳耙这些咖啡豆,使所有的咖啡豆都接触到当时湿度极高的空气等,然后把这些咖啡豆松松地装到袋子里堆起来,以便使季风可以吹透袋子。季风厂房面向西边,迎向西南吹来的咸湿季风。咖啡豆不能装太满,且咖啡袋不能堆积太密,以免不透风而发霉,这些袋子每周需要重新装一次堆一次,一共经过 7 周,直到咖啡豆变了颜色和味道,还要不时倒出咖啡豆更换麻布袋以免滋生霉菌,这是相当费时耗工的工程。

季风咖啡被存储在特殊仓库中直到季风到达,通风结构的设计使得潮湿的季风流通于咖啡豆之间,以致其体积膨胀。

从 6 月开始,经过 3~4 个月季风,绿色咖啡豆的体积膨胀 1~2 倍大,颜色开始由绿转为金黄色,重量和密度降低,含水率约 13%,豆子的酸度也被降低,质与量均发生重大变化(见图 6-3-5)。豆子熟成后还要再经过烟熏处理,以驱赶象鼻虫,最后再以人工筛豆法挑除掉未变成金黄色的失败豆子或是其他杂物、瑕疵豆等,然后进行杯测、分级、装袋、出口等。每年 10 月到第二年 2 月是制作季风咖啡的好时节。

图 6-3-5　季风马拉巴咖啡豆非常具有辨识度

(四)咖啡品种

印度的主要咖啡品种除了肯特种、卡蒂姆种之外,还有 S795、S274 等。

S795:本地人称其为任沫(Jember),该品种是 20 世纪 40 年代印度以肯特种和利比里卡种杂交育成的。1955 年,印度尼西亚咖啡和可可研究所(ICCRI)将其命名为"Jember",广泛种植在印度、印度尼西亚和埃塞俄比亚。S795 是目前印度的主力咖啡品种,占阿拉比卡种总产量的 70%。

S274:印度最著名的小粒种罗布斯塔种。与普通日晒罗布斯塔种相比,S274 丝毫没有刺激的涩味、土腥味、橡胶味。

(五)咖啡产地

印度主要有两个地区种植咖啡——位于南部的传统咖啡种植区和位于东部沿海的非传统咖啡种植区。其中,海拔 1000～1500 米地区主要种植阿拉比卡种,海拔 500 米～1000 米地区则主要种植罗布斯塔种。

1. 传统咖啡种植区

位于南部的卡纳塔克邦、喀拉拉邦和泰米尔纳德邦构成了传统的咖啡种植区。此产区的咖啡产量共占全国 90% 以上。其中,卡纳塔克邦的产量约占印度咖啡总产量的 50%;喀拉拉邦主要生产罗布斯塔种,约占印度咖啡总产量的 30%。

2. 非传统咖啡种植区

非传统咖啡种植区主要是指位于印度东部沿海的安得拉邦和奥里萨邦,此产区多数出产阿拉比卡种咖啡。

(六)咖啡风味

优质的印度咖啡口感绵密浓郁,酸度低,复杂度低。

六、中国咖啡

咖啡年产量:14.55 万吨(2020 年)。

主要品种:卡蒂姆种。

主要处理方法:水洗式处理法。

(一)咖啡简史

据史料记载,1884 年台湾种植咖啡首次获得成功,从此中国有了咖啡树。大陆的咖啡种植则始于云南。据考证,云南瑞丽景颇族早期引种咖啡的年代可以锁定在 1893 年前后,当时缅甸是英国的殖民地,曾有多批传教士来过。如欧文·汉森,是于 1890 年到达缅甸八莫木巴坝的。他生于瑞典,学于美国,在克钦人地区住了 38 年(1890—1928 年),也曾深入中国境内的景颇族中活动。另一位传教士是英国人景极,他于 1837 年 1 月引种过咖啡。由于景颇族是个跨境而居的民族,虽然分别居住在不同的国度,但是相互间探亲访友、通婚互市从未间断,关系十分密切。所以,德宏瑞丽咖啡的引种肯定是与此有关联的。

1904 年,一个名叫田德能的法国传教士从"印贡"地方引进咖啡种子,并在云南宾川县位于金沙江支流鱼泡江沿岸一个叫作朱苦拉的地方种植成功。

德宏州是云南省乃至中国咖啡规模化、产业化的种源地。中华人民共和国成立后,为供应苏联的咖啡需求,云南开始规模化种植咖啡,尤其在保山的怒江坝和芒市的遮放农场。随后中苏关系恶化,苏联禁止中国向其出售咖啡豆,从而使中国咖啡历史被生生扯断,导致咖

啡农大面积砍伐咖啡树改种其他作物。另外,过去的云南咖啡主要是以原料方式出口,缺乏深加工和市场推广,知名度低,加之农民认知度低、市场规模小等因素,所以,在重启种植后的一段时间内,云南咖啡规模依然发展缓慢。直至1988年跨国咖啡公司进入中国后,又复苏了云南的咖啡种植。

1985年,云南农垦集团开始咖啡的商业化种植,但发展缓慢。1992年,中国建成第一家现代化咖啡加工厂——云南咖啡厂。在1993年的布鲁塞尔的尤里卡博览会上,云南保山小粒咖啡获得了尤里卡金奖。1995年,云南省政府把云南咖啡种植正式列入"18生物资源开发工程",咖啡种植业得到迅速发展,面积、产量均占全国的95%。2003年,云南成为中国唯一的优质咖啡原料基地。2015年,云南咖啡交易中心成立,中国精品咖啡生豆获得重视和发展。

截至目前,云南咖啡种植面积已逾180万亩,工业精深加工能力达1.3万吨,另外还有2万吨在建。无论是种植面积还是工业产能,都占全国的99%。云南建有咖啡种质资源圃,拥有咖啡工程、技术研究中心等科研机构以及咖啡工业精深加工厂。

2020年,中国咖啡生豆年产量为14.5万吨,产量居全球第12位。

(二)咖啡种植

中国南部省份,如云南、海南、台湾、广东和广西都位于咖啡带内,云南省的西部和南部的大部分地区海拔在1000~2000米,地形以山地、坡地为主,起伏大、土质肥沃、日照充足、雨量丰沛、昼夜温差大,拥有良好的种植咖啡的自然条件。

(三)收获与处理

云南咖啡的收获期从10月到第二年3月;台湾咖啡的收获期从11月到第二年4月;海南咖啡的收获期从12月到第二年4月。

云南咖啡的处理方式大多数是水洗式。其中,保山市潞江坝地区的咖啡庄园会有日晒式以及一些实验方式的处理。

(四)咖啡品种

中国农业农村部把咖啡三大原生种——阿拉比卡种咖啡、罗布斯塔种咖啡和利比里亚种咖啡,分别命名为小粒咖啡、中粒咖啡和大粒咖啡。

海南的咖啡以中粒咖啡为主,主要用于生产速溶咖啡,澄迈县福山镇也出产少量高品质的小粒咖啡。云南、台湾的咖啡以小粒咖啡为主。以前铁皮卡种和波旁种这两个经典的优质咖啡品种为云南咖啡主要栽培品种,1991年从肯尼亚引入了卡蒂姆系列品种,其抗病毒能力更强,产量更高。现在卡蒂姆种成了云南的主要咖啡品种,只有保山市还有少量的铁皮卡种和波旁种。

(五)咖啡产地

中国咖啡产量的98%以上出自云南。云南省咖啡产区主要分布在南部和西南部的普洱、景洪、临沧、保山、思茅、西双版纳、德宏等地州。其中,普洱市已经成为中国种植面积最大、产量最高的咖啡主产区和咖啡贸易集散地。

台湾地区也产少量阿拉比卡种咖啡,年产量为400多吨,主要分布在嘉义县和南投县。

(六)咖啡风味

云南咖啡香浓均衡,果酸适中。

第七章　咖啡萃取

第一节　咖啡研磨

研磨是将咖啡豆碾碎,使咖啡豆内部也能均匀接触到水的过程。其目的是让咖啡豆和水接触的表面积增加,打造一个可溶成分更容易被萃取的环境。显微镜下的咖啡豆微观结构如图 7-1-1 所示。

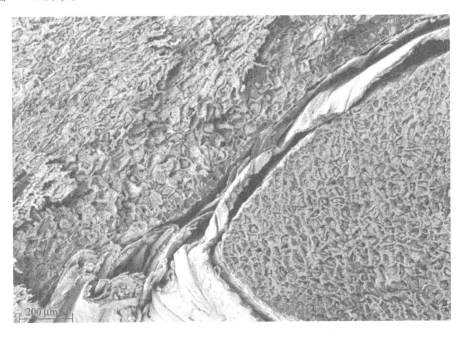

图 7-1-1　显微镜下的咖啡豆

图片来源:咖啡豆的微观结构[EB/OL].（2019-09-17）[2022-02-24]. http://txpe.yunnan.cn/system/2019/09/17/030381412.shtml.

一颗咖啡豆由大约 100 万个细胞构成,其中包含了负责释放咖啡香味和香气的水溶性固体。所谓咖啡萃取,是指让水溶性固体溶解在水中,而将咖啡里的挥发性香气物质及不溶性固体与可溶成分分离的过程。而咖啡豆的粗细度会影响溶解在水中的水溶性固体和可溶成分的量。咖啡豆研磨得越细,萃取出的可溶成分越多;研磨得越粗,萃取出的可溶成分越少。

在制作咖啡时,首先要把咖啡豆研磨成粉,再进行萃取。咖啡熟豆研磨后,细胞壁被破

坏,咖啡的香气迅速扩散。要想获得好的研磨效果,应符合以下四个基本原则:

第一,应选择适合萃取方法的研磨度;

第二,研磨时所产生的温度要低;

第三,研磨后的粉粒要均匀;

第四,萃取之前才研磨。

不管使用什么样的研磨机,在运作时一定会因摩擦而产生热量。风味物质大多具有高度挥发性,研磨的热度会加速挥发的速度,使得咖啡的香气散失于空气中。咖啡豆在研磨之后,细胞壁会被破坏,这时风味物质与空气接触的面积会增加,氧化与变质的速度也会加快,咖啡在30秒到2分钟之内就会丧失大部分风味。

一、研磨工具

研磨工具的选择会影响咖啡的风味和品质,不同的研磨工具会造成咖啡颗粒的差异。

刀片和动力系统是磨豆机的核心部分。刀片的材质和形态直接影响咖啡豆研磨的颗粒形状;动力系统可以分为手动和电动,电动研磨机的功率和转速会影响咖啡颗粒的均质性。

在研磨过程中,摩擦作用会释放热量,这个热量由于反复作用而逐渐升高,进而产生两方面的影响——加快芳香烃的挥发和使咖啡颗粒受热膨胀。

由于这两方面的影响都是负面的,研磨刀片的材质在导热性上倾向于越小越好,硬度上则倾向于越高越好。

首先,我们研磨咖啡豆使之成为咖啡粉的目的是增大萃取时咖啡颗粒的表面积,从而有助于萃取。同样重量的咖啡豆,研磨得越细,咖啡粉颗粒的表面积总和就会越大,与水接触的面积也就会越大,同样条件下萃取的效率就会越高,这就是我们所说的"研磨度"对萃取的影响。咖啡研磨的粗细度,可以用咖啡粉颗粒的粒径分布来表示。所谓咖啡粒径分布,是指在研磨后的粉末颗粒中,不同直径的颗粒所占比例。一般而言,其粒径分布符合正态分布。

由于咖啡豆本身形状并不一样,磨豆机研磨过程中受力不均产生的随机性与不确定性,使得咖啡粉每一个颗粒的大小和形状都不会相同,如果我们将研磨好的咖啡粉铺开来看,会发现咖啡粉颗粒大致可以分成以下三个类别:

(1)数量最多、重量占比最大的,是位于我们设定的研磨刻度附近范围大小的咖啡粉颗粒;

(2)数量很少、重量占比也较少的,是颗粒较大、大于设定研磨度的一部分咖啡粉颗粒;

(3)数量很多、重量占比却很少的,是颗粒很小的细粉、极细粉。

无论什么样的磨豆机,都不可避免会产生这三种类型的颗粒。一般来说,品质较高的磨豆机,两端过粗和过细类型的颗粒会更少,粒径分布会更集中,在萃取时会更容易做到一致(见图7-1-2)。

磨盘的锋利度、磨盘盘面的大小、研磨过程中产生的热量,都会对研磨的粒径分布产生影响。一般来说,刀越锋利、磨盘越大、产热越少,粒径分布会越集中。

研磨中产生的细粉,对萃取会产生不小的影响。这些细粉主要是咖啡细胞的细胞壁碎片,内含的可溶性物质很少:一方面,细粉是口感醇厚度的重要来源(悬浮颗粒);另一方面,细粉易沉淀阻碍萃取时的水流通过,从而影响萃取过程,很容易延长萃取时间,造成苦味增加。

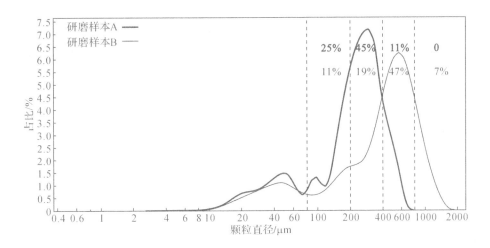

图 7-1-2　粒径分布

从工作原理上来看,研磨工具可以分为两大类——切割式研磨工具和碾压式研磨工具。

切割式研磨工具主要有刀片式研磨机;碾压式研磨工具主要有圆锥形锯齿研磨机和平轮锯齿研磨机。

(一)刀片式研磨机

这种类型的研磨机使用一套可旋转的刀片,像螺旋桨那样将咖啡豆切成小块(见图 7-1-3)。刀片式研磨机价格便宜,因为操作简单而得到广泛使用,深受欢迎。

图 7-1-3　刀片式研磨机

刀片式研磨机的第一个问题是有些咖啡豆会比其他咖啡豆切割得更精细,最终研磨出来的就是粉状咖啡和块状咖啡的混合物。我们在萃取咖啡时,想要获得最大化的风味,咖啡颗粒大小相当是非常重要的,否则极小颗粒的咖啡粉容易被过度萃取,而大颗粒的咖啡粉则容易被萃取不充分。

刀片式研磨机的第二个问题是会产生大量热量。在研磨过程中,螺旋桨会快速变热,进而触发咖啡豆的化学反应,使得咖啡粉在被萃取前便改变了风味。

(二)圆锥形锯齿研磨机

圆锥形锯齿研磨机不使用刀片,取而代之的是一个固定的和一个可移动的锯齿磨盘,咖啡豆在锯齿空隙中被粉碎。在圆锥形锯齿研磨机中,利用重力将咖啡豆拉入咖啡磨中(见图 7-1-4)。

这一方法是从上到下进行纵向研磨,路径较长,其优势是可以用较低的转速,来达到较好的研磨效果,且产生的热能少,可以保留咖啡粉较多的香气物质,研磨的粗细程度较均匀,使风味的呈现更清晰。

图 7-1-4　圆锥形锯齿刀盘

(三)平轮锯齿研磨机

与圆锥形锯齿研磨机不同,平轮锯齿研磨机使用两个平轮锯齿来研磨咖啡豆(见图 7-1-5)。

平轮鬼齿刀盘(见图 7-1-6):适合单品咖啡,比起平轮锯齿刀盘和圆锥形锯齿刀盘,研磨颗粒整体更均匀,萃取出来的咖啡更干净饱满,有较好的平衡感和厚度。

图 7-1-5　平轮锯齿刀盘

图 7-1-6　平轮鬼齿刀盘

平轮锯齿研磨机以横向的方式进行研磨,研磨路径较短,转速较高,研磨得极为均匀。高速研磨会产生较多的热能和细粉,对咖啡粉风味影响较大。平轮的形状使咖啡豆更容易卡住,且机器需要更为彻底的清洗。

意式磨豆机

意式磨豆机,即意式咖啡研磨机。它是制作意式咖啡的重要工具。圆锥形锯齿研磨机和平轮锯齿研磨机都可以作为意式磨豆机。在意式咖啡馆中,圆锥形锯齿研磨机的使用更加普遍。我们以某品牌意式磨豆机为例,介绍意式磨豆机的构造和使用方法。

一、意式磨豆机的构造

意式磨豆机的构造如图7-1-7所示。

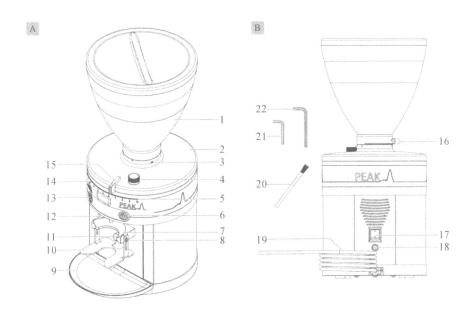

1—豆仓(带盖);2—磨床盖;3—豆仓;4—解锁螺丝;5—研磨刻度;6—"双份"定量选择按钮;7—滤碗支架;8—调节滤碗高度叉(左、右);9—粉盘;10—滤碗叉;11—启动按钮;12—出粉口;13—"单份"定量选择按钮;14—显示;15—研磨度调整拨片;16—豆仓开关;17—开关;18—释放按钮;19—主电线;20—粉刷;21、22—六角扳手。

图7-1-7 某意式磨豆机

二、意式磨豆机的使用方法

(1)根据需要调整研磨刻度。一般制作 Espresso 需要把刻度定在 1.5～3。具体刻度需要结合研磨机品牌、咖啡机特点进行调整。研磨刻度确定好之后就不要经常调节,在机器里有咖啡豆的情况下,调节刻度会造成调节前后大约 20 克的咖啡豆研磨不均,引起浪费。实在需要调节刻度的时候,应先把咖啡豆清空。咖啡馆在制作意式咖啡和单品咖啡时,最好分开使用研磨机。

(2)磨豆机使用完后一定要清理,否则附着在内部的细粉久了会被氧化,下次再研磨新鲜咖啡豆时会混入其中。因此必须以刷子等将细粉或银皮刷落,还有油脂等也要仔细去除。

研磨咖啡时会产生不正常的细粉,此时需要注意磨豆机的刀刃是否已磨损。磨损的锯齿刀组会造成研磨不均,产生细粉以及摩擦热等。咖啡馆里所使用的磨豆机若是锯齿刀组出现问题,会影响咖啡质量,因而必须更换新的锯齿刀组。

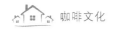

二、研磨度

你有没有想过该用什么设备来磨你自己的咖啡？哪个研磨水平最适合你喜欢的冲煮方法？

关于该问题，没有精确的量化方法来衡量，这完全取决于你要做什么样的咖啡。

下面我们将比较 8 个常见的研磨水平。

（一）超粗研磨（Extra Coarse Grind）

适用冲煮方式：冷萃咖啡。

描述：用于冷萃方法的超粗咖啡研磨。每粒咖啡豆被研磨成 100 颗以内的咖啡粉末，粉末直径约 1 毫米（见图 7-1-8）。

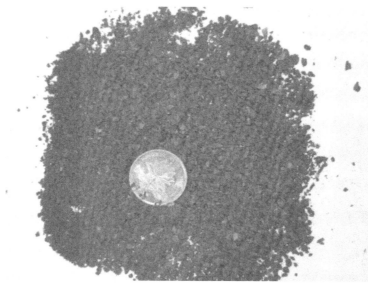

图 7-1-8　超粗研磨

（二）粗度研磨（Coarse Grind）

适用冲煮方式：法式滤压壶、杯测、虹吸壶。

描述：比白砂糖粗一些。每粒咖啡豆被研磨成 100～300 颗咖啡粉末，粉末直径约 0.7 毫米（见图 7-1-9）。

（三）中粗研磨（Medium-Coarse Grind）

适用冲煮方式：自动美式咖啡机、Chemex 咖啡壶。

描述：砂糖颗粒大小。每粒咖啡豆被研磨成 300～500 颗咖啡粉末，粉末直径约 0.6 毫米（见图 7-1-10）。

（四）中度研磨（Medium Grind）

适用冲煮方式：滴滤式、虹吸式萃取。

描述：比砂糖略细，比精盐略粗。每粒咖啡豆被研磨成 500～800 颗咖啡粉末，粉末直径

图 7-1-9　粗研磨

图 7-1-10　中粗研磨

约 0.5 毫米(见图 7-1-11)。

(五)中细研磨(Medium-Fine Grind)

适用冲煮方式:V60、虹吸式萃取。

描述:比细砂糖细,比精盐略粗。每粒咖啡豆被研磨成 800~900 颗咖啡粉末,粉末直径约 0.4 毫米(见图 7-1-12)。

(六)细度研磨(Fine Grind)

适用冲煮方式:摩卡壶、冰滴壶。

图 7-1-11　中度研磨

图 7-1-12　中细研磨

描述：类似于精盐的粗细。每粒咖啡豆被研磨成 1000～3000 颗咖啡粉末，粉末直径约 0.35 毫米（见图 7-1-13）。

（七）精细研磨（Espresso Grind）

适用冲煮方式：意式咖啡机萃取 Espresso。

描述：比精盐细，比面粉略粗。每粒咖啡豆被研磨成约 3500 颗咖啡粉末，粉末直径约 0.05 毫米（见图 7-1-14）。

图 7-1-13 细度研磨

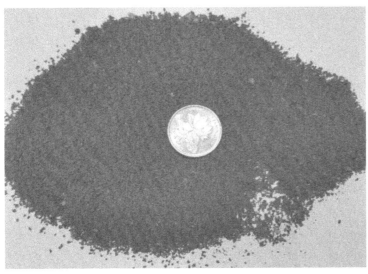

图 7-1-14 细度研磨

(八)极细研磨(Extra Fine Grind)

适用冲煮方式:土耳其咖啡壶萃取。

描述:类似面粉粗细。每粒咖啡豆被研磨成 5000～15000 颗咖啡粉末,粉末直径约 0.01 毫米(见图 7-1-15)。

咖啡研磨程度与咖啡品质的关系如图 7-1-16 所示。

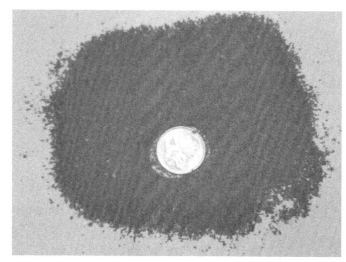

图 7-1-15　极细研磨

对比项	研磨细	研磨粗
颗粒大小	小	大
粉的表面积	大	小
萃取成分	多 ★★★★★	少 ★☆☆☆☆
浓度	浓	淡
苦度	强 👍	弱
酸度	弱	强 👍

图 7-1-16　咖啡研磨程度与萃取品质的关系

第二节 金杯萃取

咖啡的历史悠久,萃取咖啡的手段更是多种多样,对"好咖啡"的评价标准曾经一度众说纷纭。20世纪50年代,美国国家咖啡协会(National Coffee Association,NCA)委托麻省理工学院食品技术领域教授厄尔·洛克哈特(Earl Lockhart)进行了一系列研究,以确定如何定义"咖啡质量"。洛克哈特教授在对民众进行抽样调查后发现,民众对咖啡的偏好跟咖啡的萃取率和萃取浓度直接相关。随后,美国精品咖啡协会(Specialty Coffee Association of America,SCAA)以此为基础,提出了金杯萃取理论。

一、咖啡萃取率和萃取浓度

咖啡萃取率和萃取浓度是将感官品鉴的结果以数值呈现的基本方法,也是了解咖啡特征最有效率的准则。若能充分理解这个部分,咖啡师就能以科学、客观的标准来掌握咖啡风味。

(一)溶解性总固体

溶解性总固体(Total Dissolved Solid,TDS)是指溶液中固体的总量,可细分为溶解性总固体和总悬浮固体。TDS是计算咖啡萃取率和萃取浓度的一项重要指标。

咖啡TDS是指萃取物中除水以外的固体总量,所以最准确的测量方式就是重量测试法,即用萃取前的咖啡重量减去萃取后干燥所得的咖啡渣重量就是溶解性总固体的重量。这种方法是最准确的,但实际效率太低。因此大多数情况下,TDS是在液体状态下间接测量的,测量方法包括电导测量和折射测量。常用的TDS测试仪器如图7-2-1所示。

图 7-2-1 常用 TDS 测试仪器

（二）萃取浓度

浓度是指溶液中所含的溶质和溶剂的比例。液体是溶剂，固体是溶质；对咖啡来说，水是溶剂，可溶成分是溶质。在水量相同的情况下，从咖啡豆中萃取出的可溶成分的量越多，浓度越高。浓度可以依据溶在水中的溶解性总固体和水的比例推算出数值，其计算公式如下：

$$萃取浓度（\%）＝溶解性总固体（克）÷水（克）$$

日常咖啡的浓度通常为 1%～1.5%。基于个人偏好的咖啡浓度是相当主观的，有人连浓度为 0.5%～0.6% 的淡咖啡都无法入口，也有人偏好浓缩咖啡这类浓度为 7%～12% 的浓咖啡。一般来说，每个地区的消费者对于咖啡的喜好浓度会落在某个特定范围内，若非特殊情况，通常不会脱离该范围。掌握消费者喜爱的浓度，是制作咖啡时的重要参考准则。

咖啡的萃取浓度可以通过改变萃取变因或水的加入量来进行调整。在咖啡萃取过程中，随着萃取时间和浓度的变化，萃取溶液的浓度也会随固体与水比值的变化而变化。水溶性固体是萃取的主要部分，固体含量越高，萃取液浓度越高。经过后期萃取的咖啡有一种粗糙、奇怪的味道。因此，确定溶解性总固体（TDS）和水的理想比例，并调整最佳萃取时间是很重要的。

（三）咖啡萃取率

咖啡萃取率是指萃取所得有效成分在萃取所用材料中的比例，是计算可溶性成分最佳香气的重要指标。其计算公式如下：

$$咖啡萃取率（\%）＝溶解性总固体（克）÷咖啡豆量（克）$$

例如，用 10 克咖啡豆萃取一杯 150 克的咖啡液，包括 2 克溶解性总固体，则可以计算出咖啡萃取率为 20%；同样，用 10 克咖啡豆萃取一杯 100 克的咖啡液，包括 2 克溶解性总固体，则萃取率也为 20%。也就是说，咖啡的萃取率只取决于咖啡豆和溶解性总固体的比例，而与萃取过程中使用的水量无关。

洛克哈特教授的研究显示，咖啡熟豆中有 70% 是不溶于水的纤维质，可溶性物质仅占熟豆重量的 30%（见图 7-2-2）。也就是说，100 克咖啡粉中约有 30 克咖啡溶出萃取物，剩下的约 70 克就是我们常见的咖啡渣。而这 30% 的可溶性物质，也不需要都萃取出来，咖啡的最佳萃取率为 18%～22%。18%～22% 也就是所谓的"金杯萃取率"。

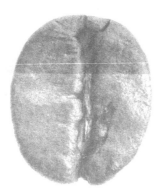

30%可萃取物质

70%不可萃取物质

图 7-2-2 咖啡熟豆萃取

咖啡由各种香气化合物组成，咖啡的复杂味道也由此而来。从咖啡豆中萃取的不同种类成分,可以平衡咖啡液的滋味。根据溶解性总固体的物理特性,可将其分为水溶性和不溶性,这两类固体在咖啡中的比例可使一杯咖啡呈现出完全不同的香气。具有高密度和非挥发性物质的水溶性固体是咖啡香气的关键决定因素。水溶性固体具有多层次的味道,能刺激喝咖啡时的感官,让我们感受到香味。此外,水溶性固体的浓度也会影响咖啡的平衡。水溶性固体浓度越高,酸香气越强,味道越干净。不溶于水并保持固体态的不溶性固体留在口腔黏膜中,并持续释放香味。不溶性固体可以给咖啡带来饱满口感和持久余味,但较高的含量会使苦味强烈而粗糙。

在咖啡萃取时,大部分萃取物都由水溶性固体组成,而随着萃取时间的增加,不溶性固体的比例会缓慢增加。换句话说,高萃取率表示不溶性固体的高含量。控制萃取速率的意义在于调整萃取溶液中的固体比,并使咖啡的重量感保持在一定的范围内。然而,萃取速率没有标准值,只要根据自己的目的和所需浓度设置的萃取速率就是理想的。除了萃取时间之外,咖啡粉的重量和萃取咖啡液的重量等诸多因素也会影响萃取率。咖啡的萃取率和萃取浓度主要用于描述咖啡萃取的状态。至于什么样的咖啡豆适合怎样的萃取率,顾客更加偏好哪一种萃取率范围,这些问题是咖啡机厂商和咖啡馆一直关注的问题,是萃取率和萃取浓度的主要应用范围。

二、咖啡中的水

(一)水质的选择

大部分咖啡中超过 98% 是水,因此水质对咖啡萃取和香气的影响不可低估。水由一个氧原子和两个氢原子组成,在液态和气态之间反复循环,以保持动态平衡。水中的氢有助于水分子吸收矿物质,而水中的矿物质含量会影响咖啡中有效成分的溶解性。水中的矿物质含量深受地质条件的影响,各区域水质不同,地下水的矿物质含量高于自来水。

水按其可溶性钙、镁化合物含量来划分,可以分为软水和硬水。软水指的是每升水中可溶性钙、镁化合物含量在 120 毫克以内的水,硬水指的是每升水中可溶性钙、镁化合物含量在 120 毫克以上的水。

含有适量矿物质的水比纯水味道更好。纯水接近无味,若含有特定的矿物质,则它的离子可以刺激味蕾,传递更丰富的味道。只要有少量的矿物质溶解在水中,舌头就能清楚地感受到味道的不同。使用软水会增加咖啡的酸味,富含钙的水会使咖啡的苦味减弱,富含镁的水会使咖啡的涩味和苦味变浓。使用含有铁成分的水萃取咖啡,铁与咖啡中的单宁酸结合,可使水变成深棕色。同时,利用意式咖啡机进行萃取时,如果使用硬度超过 300mg/L(毫克/升)的水,将使镁、钙离子形成沉积物,长期来看,容易堵塞管道,对咖啡机造成损坏。因此,意式咖啡机通常需要配备专业的水过滤器和软水设备。

但这并不是说水的硬度越低,效果就越好。太软的水太纯净,无法溶解咖啡因和单宁酸,这也会导致咖啡的味道变薄、变硬。硬度为 $70\sim80\text{mg/L}$ 的中等软水,加入适量的矿物质,可以使咖啡的味道更为丰富、更有层次。

最适合选择 pH 值为 7 的中性水来用于咖啡萃取,相关的水质标准见表 7-2-1。

表 7-2-1　适合咖啡萃取的水质标准

特性	目标值	可接受范围	对咖啡的影响
味道	干净、无味		
颜色	清澈无色		
氯含量/(mg/L)	0		
TDS/ppm	150	75～250	太低:风味粗糙、口感不足 太高:乏味、风味浑浊
硬度/(mg/L)	68	17～85	太低:缺乏风味层次 太高:味道犹如粉笔
碱度/(mg/L)	40	≈40	太低:酸度高 太高:乏味、呆板
pH 值	7.0	6.5～7.5	太低:酸度高 太高:乏味
钠含量/(mg/L)	10	≈10mg/L	

(二)水温的选择

常态下的水分子为了填补分子与分子之间的空隙,会持续不断地运动,彼此在碰撞的过程中产生能量并维持震动的状态;温度越高,水分子的运动越活泼。应用在咖啡萃取上,就会出现萃取温度越高,萃取出的咖啡成分越多、萃取速度越快的状况。咖啡含有各种各样的成分,它们分别有不同的溶解温度,因此在不同温度设定下,萃取出的成分比例会不同,香气也会受到影响。此外,味觉和嗅觉对于温度的反应很敏感,一杯咖啡饮品能否被充分享受,温度也是举足轻重的关键要素。

水温与萃取的关系极为密切,直接影响咖啡的质量。萃取咖啡时,水温应与烘焙程度成反比,当烘焙程度较深时,水温应该低一些;反之,当烘焙程度较浅时,水温应该略高一些。

各式萃取法所采用的水温并不一致,例如,美式电动滴滤壶多半将水温控制在 92～96℃的范围,意式咖啡机的水温则常设在 88～93℃。一般而言,咖啡豆的烘焙程度越深,萃取时的水温越低;烘焙程度越浅,则水温越高。

滤杯式滴滤法、虹吸壶法、法式滤压法,比较不易达成恒温萃取,水温较具弹性,味谱起伏大于咖啡机。采用滤杯式滴滤法时,萃取水温最具弹性,因烘焙度与注水壶锁温性能而异,一般萃取温度为 82～94℃。采用虹吸壶法时,萃取水温亦有高低之别,高温萃取为 90～94℃,低温萃取为 86～89℃。

90℃以上,为高温萃取,易拉升萃取率,增加醇厚度、香气与焦苦味,因此不适合深度烘焙咖啡豆,而比较适合硬豆与浅中烘焙咖啡豆,因为稍高的萃取水温,可将浅中烘焙咖啡豆的酸质提升为富有变化层次的活泼酸。同时需要注意的是,水温不宜过高,若滤杯式滴滤法与虹吸壶法的萃取水温超过 94℃,会溶解出更多的高酸苦物质。

90℃以下,为低温萃取,会抑制萃取率,降低香气与焦苦味,较适合中深或深度烘焙咖啡豆。要注意的是,最好不要低于 82℃,以免冲出呆板、乏味的咖啡。因为低温不利于浅焙豆,只会萃取出易溶解的低酸物,而无法萃取出足够的甜香味与高甘苦物,致使低温萃取的浅焙咖啡风味不均衡。

表 7-2-2 表示的细研磨咖啡豆用美式咖啡机萃取 5 分钟后,不同萃取水温与酸性物质浓度之间的关系。可见,94℃时,萃取出的酸性物质浓度最高。事实上,91~94℃ 为最佳萃取水温;结束萃取后的咖啡液的最佳温度应为 85℃ 左右,此为最佳杯中温度;最佳饮用温度为 65~75℃。

表 7-2-2　萃取水温与酸性物质浓度的关系

酸性物质	不同萃取水温下的浓度/(mg/L)		
	70℃	94℃	100℃
绿原酸	873	1065	1068
奎宁酸	348	495	383
柠檬酸	388	461	332
醋酸	151	226	187
乳酸	121	195	187
苹果酸	131	137	122
磷酸	86	77	80

三、萃取控制

　　洛克哈特教授通过对美国消费者进行抽样调查,得出结论:美国消费者对咖啡的偏好在萃取率为 17.5%~21.2%,浓度为 1.04%~1.39%。美国精品咖啡协会(SCA)以洛克哈特团队的研究为基础,又分析了大量的数据,提出了金杯萃取的概念——萃取率 18%~22%,浓度 1.15%~1.35% 为咖啡的最佳萃取区间。

　　以萃取率为横轴、萃取浓度为纵轴,再通过横轴上的 18%、22% 以及纵轴上的 1.15%、1.35% 即可分成 9 个区间,如图 7-2-3 所示。

　　其中区间 A 指的是萃取浓度高于 1.35%、萃取率低于 18%,这样的咖啡会呈现又浓又酸、风味不足的特点;区间 B 指的是萃取浓度高于 1.35%、萃取率处于 18% 到 22% 之间(包含 18% 和 22%),这样的咖啡会呈现浓度过高、风味纠结的特点;区间 C 指的是萃取浓度高于 1.35%、萃取率高于 22%,这样的咖啡会呈现又浓又苦的特点;区间 D 指的是萃取浓度在 1.15% 到 1.35% 之间(包含 1.15% 和 1.35%)、萃取率低于 18%,这样的咖啡呈现风味不足的特点;区间 E 指的是萃取浓度在 1.15% 到 1.35% 之间(包含 1.15% 和 1.35%)、萃取率处于 18% 到 22% 之间(包含 18% 和 22%),这是咖啡萃取的理想区域,这样的咖啡酸甜平衡、浓淡适宜,也被称为金杯(Golden Cup);区间 F 指的是萃取浓度在 1.15% 到 1.35% 之间(包含 1.15% 和 1.35%)、萃取率高于 22%,这样的咖啡萃取过度,有苦味、涩味、杂味;区间 G 指的是萃取浓度低于 1.15%、萃取率低于 18%,这样的咖啡呈现风味单薄、寡淡的特点;区间 H 指的是萃取浓度低于 1.15%、萃取率处于 18% 到 22% 之间(包含 18% 和 22%),这样的咖啡呈现过淡的特点;区间 I 指的是萃取浓度低于 1.15%、萃取率高于 22%,这样的咖啡呈现又苦又淡的特点。

　　世界各地的咖啡消费者对萃取率的接受范围基本相同,即 18%~22%,但是对萃取浓度则有各自的标准。比如说,欧洲精品咖啡协会(SCAE)关于金杯萃取的浓度标准是

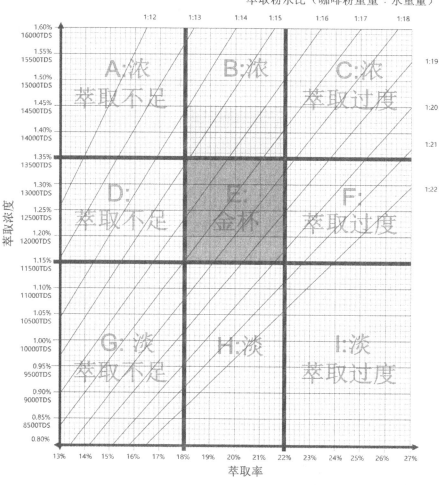

萃取粉水比（咖啡粉重量：水重量）

图 7-2-3 咖啡萃取控制表

1.2％～1.45％,挪威咖啡协会(NCA)关于金杯萃取的浓度标准是 1.3％～1.55％,意式浓缩咖啡关于金杯萃取的浓度标准则是 8％～10％。区间划分的方法也是一样的。

要想让我们萃取的咖啡落在区间 E 内,我们可以根据咖啡萃取控制表来找出理想的萃取参数。在咖啡萃取控制表中还有一些斜线,这是咖啡粉重量与注水重量的比例斜线,我们可以先选择一个在 E 区内最长的斜线——1：17 这条。也就意味着粉水比为 1：17。

用滤杯式滴滤法(详见本章第四节),将 TDS 值为 150 的 93℃ 的水 340g 注入 20g 的咖啡粉中,得到 300g 咖啡液,用 TDS 测试仪测量出萃取浓度为 1.15％,表中纵轴上 1.15％ 对应的 TDS 值为 11500。萃取溶解性总固体量＝咖啡溶解性总固体量－水溶解性总固体量[1],即 11500－150＝11350,对应的萃取浓度为 1.135％;溶解性总固体(克)＝咖啡液(克)×萃取浓度,即溶解性总固体＝300g×1.135％＝3.405g;萃取率＝溶解性总固体(克)÷咖啡豆量(克),即萃取率＝3.405g÷20g＝17.025％。由此我们可以得知,该咖啡的萃取浓度

---

[1] TDS 测试仪可以用萃取用水来校正,这样得出的数值就是不含水中 TDS 的萃取浓度,则可以省去这个步骤。

为 1.135%、萃取率为 17.025%,正处于 G 区的 1∶17 斜线上。

在其他萃取参数保持不变的情况下,若想将萃取结果沿着斜线向右上方移动,可以将研磨程度调细;反之,若想将萃取结果沿着斜线向左下方移动,可以将研磨程度调粗。最终的目的是将萃取结果控制在 E 区内。

咖啡萃取的变因除了研磨程度、粉水比例之外,还包括萃取水质、萃取水温、萃取时间等,当然还包括萃取器具和萃取方式。

第三节 意式咖啡萃取

一、意式咖啡机萃取

(一)了解意式咖啡机

意式咖啡机按锅炉类别可分为单锅炉式、热交换式、双锅炉式及多锅炉式;按操作方式,大致可分为手动、半自动、全自动等种类。而专业咖啡经营场所大多采用自动或半自动意式咖啡机,所以,作为专业咖啡师,我们主要学习这两种咖啡机的使用方法。

1.半自动意式咖啡机

半自动意式咖啡机依靠人工操作磨粉、压粉、装粉、冲泡、清除残渣。这类机器有小型单冲煮头家用机,也有双冲煮头、三冲煮头大型商用机等,较新型的机器还装有电子水量控制装置,可以精确自动控制制作咖啡的水量。

这类机器早期主要在意大利生产,在意大利非常流行(见图 7-3-1)。它的主要特点是:机器结构简单,工作可靠,维护保养容易,操作者按照正确的使用方法可以制作出高品质的意式咖啡。

这种机器的缺点是:操作者要经过严格培训才能用制作出高质量的咖啡,而且不容易保持咖啡品质的一致性。此外,这种机器工作效率比较低。

图 7-3-1 半自动意式咖啡机

2.全自动意式咖啡机

人们把电子技术应用到咖啡机上,实现了磨粉、压粉、装粉、冲泡、清除残渣等制作咖啡全过程的自动控制,创造了全自动意式咖啡机(见图7-3-2)。

图 7-3-2　全自动意式咖啡机

高品质的全自动意式咖啡机按照科学的数据和程序来制作咖啡,而且设有完善的保护系统,使用起来既方便又可靠,只需轻轻一按就可得到高品质的咖啡,其品味优于传统咖啡机的产品。

结构比较复杂,需要良好保养,维护费用较高是这种机器的缺点。但是,全自动意式咖啡机操作方便快捷、品质一致、效率高、操作人员不需要培训等突出优点使得它越来越受到人们喜爱。

全自动意式咖啡机可以通过其电控板设定冲煮咖啡用水的流量及时间,更高级一点的全自动意式咖啡机还可通过电控板调节水压、锅炉压力、水温等参数。相对于全自动意式咖啡机,半自动意式咖啡机需通过咖啡师来控制冲煮咖啡用水的流量及时间,故在本书中,若没有对咖啡机进行特别说明,都指半自动意式咖啡机。

3.半自动意式咖啡机的组成

半自动意式咖啡机主要由以下五个部分组成。

(1)冲煮头部分。冲煮头部分是连接咖啡机手柄与滤碗的装置,影响水温(保持最佳恒温效果),其作用就是和咖啡机手柄配合,使制作咖啡的热水均匀地流过咖啡机手柄。

(2)水路系统。水路系统中的主要构件是水泵,水泵是咖啡机的心脏,一杯 Espresso(意式浓缩咖啡)的好坏取决于水泵稳定在 9bar 压力的能力。

(3)锅炉系统。它负责为整个机器提供热水和蒸汽,热水经过控制系统、压力泵和分配系统将高压热水传送到滤碗,使得热水在 9bar 的压力下冲过滤碗里的咖啡粉。

（4）蒸汽系统。蒸汽系统主要是用来产生奶泡的，供做花式咖啡时用。

（5）控制系统。控制系统主要由电脑板、电磁阀、压力开关等零件组成，各种控制零件并不是组合在一起的，而是分布在咖啡机的各处。

（二）半自动意式咖啡机的使用方法

（1）每天早上检查咖啡机进水口，确定水流正常，打开咖啡机电源。

（2）将咖啡豆倒入磨豆机豆缸内，仅倒出当日所需的豆量即可，把剩余的咖啡豆重新密封包装，放在干燥的室温环境下保存。

（3）观察仪表盘。大约 15 分钟后，咖啡机上的压力表到达设定位置，表明机器已经加热完毕，可以使用。咖啡机的蒸汽压力要控制在 1～1.5bar，锅炉的压力在制作咖啡时应达到 9bar（不要在非工作时间查看压力表，那时的数值并没有任何参考价值）。

（4）为确保能够做出高品质的咖啡饮品，在做咖啡前应打开咖啡机开关，从两个冲煮头各放出约 150mL 的水，并从两边的蒸汽管和热水管各放出一些蒸汽和热水，使咖啡机再充分加热约 10 分钟。

（5）打开磨豆机电源研磨咖啡豆，不要预先磨出太多量的粉，以免咖啡粉香味丧失。

（6）左手握住咖啡机手柄往左转，取下手柄，将手柄插入意式磨豆机下方接粉。若是手动拨粉的意式磨豆机，则需要用右手拉拨粉器拉手。

（7）使用布粉器将滤碗中的咖啡粉分布均匀，用粉锤垂直向下用力压粉。

（8）用手把滤碗边缘的残留粉末拭去，先打开出咖啡键放出 3 秒钟的热水，然后再将手柄挂在机器冲煮头上，往右转并锁紧。

（9）从机器上部的温杯板上取咖啡杯，放在冲煮头的出水口下方，按下面板上相应的出咖啡键。

（10）咖啡做好后转下手柄，磕出咖啡渣并倒入渣桶，用毛刷或洁净的抹布把滤网抹干净，将手柄重新轻扣上冲煮头，预热保温。

（三）Espresso 的萃取

1. 简介

Espresso 为意大利语，关于它的词源有很大的争议。主流意见认为，它类似于英文单词"Express"，意为"快速的"。1906 年，Bezzera Pavoni 咖啡机花了 45 秒做出了第一杯 Espresso，解释为"one at a time，expressly for you（同一时间，特意为你）"。但这杯 Espresso 与现在的 Espresso 不同，上面没有厚厚一层金黄色的咖啡油脂——Crema。直到 1946 年，由意大利人加贾（Gaggia）进一步改良了活塞压力系统——使用弹簧压力取代手动压制，Crema 在咖啡史上才首次出现，而这一年便被认为是 Espresso 的正式诞生年。1948 年，加贾正式创办了咖啡机工厂，批量生产的 Gaggia 咖啡机受到了当时意大利各大咖啡馆的追捧，加快了 Espresso 在意大利、西班牙、葡萄牙等南欧国家流行。但是直到 1986 年前后，Espresso 才被星巴克公司推广到了全世界。此后，世界各国的咖啡界人士才开始认识和了解这种意大利咖啡。

2. 萃取流程

（1）取粉。将精细研磨的咖啡粉装满手柄上的滤碗，均匀布粉（见图 7-3-3）。

（2）填压。用粉锤按压滤碗中的咖啡粉（见图 7-3-4）。注意填压力度：力度过轻，高压推

图 7-3-3　取粉

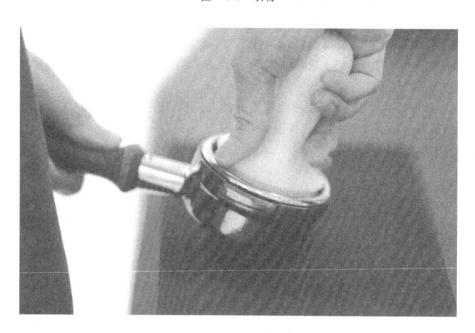

图 7-3-4　填压

动的热水会迅速形成萃取通道,造成通道部分的咖啡粉被过度萃取,其他部分的咖啡粉萃取不足,从而使得咖啡酸涩难以入口;力度过重,又会使得热水通过时阻力太大,难以顺利完成萃取,从而造成咖啡口感苦涩。

(3)锁紧手柄。用手将滤碗边缘的残留粉末拭去,先打开出咖啡键放出 3 秒钟的热水,然后再将手柄挂在机器冲煮头上,往右转并锁紧。

（4）萃取。电控的咖啡机都有预先设定的单杯、双杯等按钮，可以自动完成萃取（见图 7-3-5）。手控的咖啡机需要计时，单杯 Espresso 的萃取时间在 25 秒左右比较理想（见表 7-3-1）。

图 7-3-5　萃取

（5）完成。

表 7-3-1　意大利 Espresso 研究所给出的技术参数

参数	数值
咖啡粉量/g	7±0.5
出水温度/℃	88±2
杯中温度/℃	67±3
进水压力/bar	9±1
萃取时间/s	25±5
萃取量/mL	25±2.5

(四)常见意式咖啡

双份意式浓缩咖啡（Doppio）——双倍（Double）的意思，就是两份 Espresso，咖啡量为 50～60mL。

淡式意式浓缩咖啡（Lungo）——"Lungo"意大利语意为"拉伸"，指的是一杯量的咖啡粉

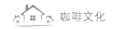

兑两倍的水得到的咖啡。正常的 Espresso 需要在 18～30 秒内萃取到 25～30mL,而 Lungo 可能需要 1 分钟时间才能萃取到 50～60mL。还有一种做法是在 Espresso 中兑入 40～50mL 的热水。

美式咖啡(Caffè Americano)——将 Espresso 或者 Doppio 倒入马克杯中,再加入 3～5 倍的热水稀释而成。

超级浓缩咖啡(Ristetto)——缩短了 Espresso 的萃取时间,短时间内萃取 15～20mL 的咖啡。

二、摩卡壶萃取

(一)简介

摩卡壶(Moka Pot)是一种用于萃取浓缩咖啡的工具,在欧洲和拉丁美洲国家普遍使用,在美国被称为"意式滴滤壶"。最早的摩卡咖啡壶由意大利人阿方索·比乐蒂(Alfonso Bialetti)在 1933 年制造,其所创立的比乐蒂公司因生产这种咖啡壶而闻名世界。传统摩卡壶是铝制的,可以用明火或电热炉具加热。由于这种铝制的摩卡壶不能在电磁炉具上加热,所以现代摩卡壶大多使用不锈钢制造。此外,还出现了像电水壶一样的电加热摩卡壶。

(二)构造

摩卡壶分为上壶和下壶,以及填充咖啡粉的滤器,如图 7-3-6 所示。

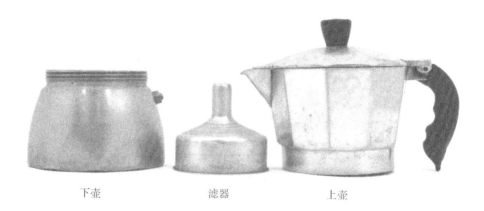

下壶　　　　滤器　　　　上壶

图 7-3-6　摩卡壶构造

(三)研磨程度与烘焙程度

研磨程度:细度研磨。

烘焙程度:中深度烘焙。

(四)准备用品

摩卡壶一把、炉具、汤匙一把、滤纸一张、咖啡杯碟一套。

(五)萃取过程

(1)在摩卡壶下壶中注入约 90 毫升的冷水(水位在安全阀下 0.5 厘米位置左右)。

(2)将咖啡粉(15克)装入滤碗中,装的时候适当振动滤碗让咖啡粉均匀分布,装满以后用量杯轻轻按压表面,使咖啡粉更加密实,抹去多余的咖啡粉。

(3)将装满咖啡粉的滤碗放入下壶。

(4)将滤纸沾湿,贴在上壶壶底。

(5)将上、下壶锁紧。

(6)给摩卡壶加热,火焰不要超出壶底。

(7)打开上壶壶盖观察萃取过程,看见咖啡液涌出,转为小火,保持水温稳定。

(8)看到泡沫涌出即可关火。

(9)用汤匙搅拌均匀。

(10)享用咖啡。

第四节　滤器萃取

一、滤杯式滴滤法萃取

(一)简介

德国的一个家庭主妇梅莉塔(Melitta)发明了单孔式滤杯。她想解决咖啡因为闷蒸过度而变苦涩的问题,决定发明一种器具用于过滤咖啡,将开水倒在咖啡粉上即可滤出咖啡液。关于过滤材料,梅莉塔做了很多尝试,最后发现她儿子在学校里用的吸墨纸的效果最好。她剪了一块圆形的吸墨纸,把它放进一个金属杯里,做出了第一杯滤杯式滴滤法咖啡(见图7-4-1)。1908年6月20日,梅莉塔为此申请了专利。几个月后,她和她的丈夫共同创办了梅莉塔·本茨(Melitta Bentz)公司。

图 7-4-1　最早由梅莉塔夫人设计的滤杯

图片来源:https://www.melitta.com/en/Melitta-Journey-through-Time-541.html。

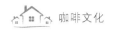

这是最简单的咖啡萃取法。滤纸可以使用一次后立即丢弃,比较卫生,也容易整理。热水的注入量与注入方法也可以调整。滤纸须和过滤器搭配使用,过滤器通常是塑料制的,也有陶制品,不过若要保持注入热水的温度,应使用塑料制为佳,较陶制不易导热。过滤器和滤纸可依照所冲的咖啡粉的分量,选用大小不同的尺寸。

(二)构造

滤杯式滴滤法构件由滤杯、底壶和注水壶组成。

(三)研磨程度与烘焙程度

单孔式滤杯适用于中度研磨的中深度烘焙咖啡豆。

三孔式滤杯适用于中度研磨的浅度到深度各种烘焙程度的咖啡豆。

(四)准备用品

单孔滤杯、单孔滤纸、咖啡底壶、细嘴注水壶、温度计、计时器、电子秤、咖啡杯碟一套。

(五)萃取过程

(1)折叠滤纸(步骤为:将滤纸接合处的侧面向内折)。

(2)将滤纸安置在滤杯上,用细口壶倒入热水淋湿滤纸,既可去除纸浆味,又可温杯和温壶。

(3)放入咖啡粉 20 克,轻轻拍打滤杯,让咖啡粉表面平整。

(4)第一次注水:热水到达 88~94℃时,由粉面上方 3~4 厘米处垂直注入粉面中心,顺时针向外缓慢画圈(应注意,水势过强会冲塌粉面),如图 7-4-2 所示。

图 7-4-2　均匀缓慢画圈

(5)注入热水后,咖啡粉表面会膨胀鼓起,"闷蒸"20~30 秒。

(6)第二次注水:让细嘴注水壶与咖啡粉表面保持水平,顺时针缓慢画圈,让热水浸透全部咖啡粉,注入约 80% 的热水。

(7)在咖啡粉表面凹陷、热水全部滴落之前,第三次注水,将热水倒满。

（8）搅拌均匀后，即可享用咖啡（见图7-4-3）。

图 7-4-3　享用咖啡

（六）制作要点

（1）咖啡粉必须新鲜。不新鲜的咖啡粉注入热水后不会膨胀，无法萃取出精华。

（2）咖啡研磨要适度。咖啡粉越细，咖啡越浓，若味越强；咖啡粉越粗，咖啡越淡，苦味越弱。

（3）水温要适度。水温过高，咖啡粉表面会膨胀过度，引起破裂；水温过低，咖啡粉表面膨胀乏力，过早凹陷，引起萃取不完全。

（4）水量要适度。咖啡粉与热水量比例在 1：（10～18）为宜。具体可以参照金杯萃取表。

（5）过滤层边缘部分不要注入热水。边缘部分粉量较少，注入热水容易造成咖啡液味道寡淡。

（6）萃取要快速。萃取时间控制在 3 分钟以内，时间过长，损害咖啡味道的成分会被释放，影响整体的口感。

（七）滤器及其特点

常见的咖啡冲煮滤器种类及其特点如表7-4-1所示。

表 7-4-1　常见的咖啡冲煮滤器

滤器种类	代表性滤器	示例图片	特点
单孔梯形滤杯	Melitta		下水速度稳定； 偏向浸泡
大孔径锥形 螺旋纹滤杯	Hario V60		出品干净度高，清爽； 风味层次明显； 可操作性强
一体化无纹滤杯	Chemex		出品干净； 冲煮稳定； 适合果汁感强、体脂感 低的咖啡
大孔径锥形 直纹滤杯	Kono		能提高前端风味物质 萃取

滤器种类	代表性滤器	图片	特点
"蛋糕式"多孔滤杯	Kalita		出品稳定性高； 提升浸泡； 提升体脂感
大孔径折纸纹滤杯	Origami		出品稳定性高； 均匀度高； 流速流畅,干净度高

二、法式滤压壶萃取

(一)简介

1852 年,法国人马耶尔(Mayer)和德尔福热(Delforge)发明了滤压壶,他们的设计是非常简单的,一个金属咖啡壶配备了一个可移动的金属过滤器连接杆(见图 7-4-4)。这样设计的问题是,滤筛和壶体之间不够严密,一些咖啡渣会跑出来,影响口感。

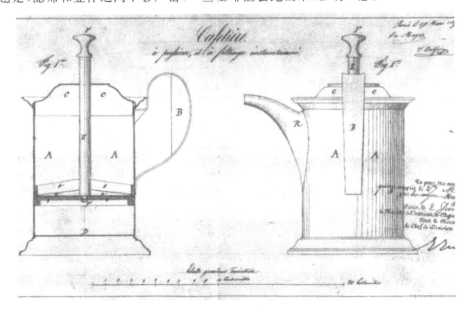

图 7-4-4　马耶尔和德尔福热的发明专利图纸

图片来源:https://europeancoffeetrip.com/the-history-of-french-press/.

为了解决这个问题,1929 年,意大利人阿蒂利奥·卡利马尼（Attilio Calimani）通过添加软包装在衔接处边缘形成一个密封的过滤器,从而改善过滤效果。这种软包装可以由螺旋弹簧或橡胶等材料制成,至今这两种材料仍在使用。

后来又经过几次改良,滤压壶变成了现在的样子。滤压壶在欧美国家相当普及,特别是在法国几乎家家户户都在使用。

除了咖啡之外,滤压壶也可以用于冲泡花茶与茶叶。

（二）构造

法式滤压壶简称法压壶,由玻璃杯和金属滤网组成。

（三）研磨程度与烘焙程度

研磨程度:中度、中粗度研磨。

烘焙程度:从浅度烘焙到深度烘焙皆可。

（四）准备用品

法式滤压壶、注水壶、汤匙、温度计、计时器、电子秤。

（五）萃取过程

（1）将热水注入法式滤压壶内,温壶后将水倒出（见图 7-4-5）。

图 7-4-5　法式滤压壶温壶

（2）加入 20 克咖啡粉。

（3）倒入 30～40 毫升热水（温度为 90～95℃）,闷蒸 20～30 秒。

（4）再倒入 300 毫升热水。

（5）盖上盖子,将拉杆向上拉,根据研磨度,闷蒸 3～4 分钟。

（6）一手扶着壶身,另一手缓慢下压拉杆,再上拉下压两次（见图 7-4-6）。

（7）将咖啡倒入杯中,即可开始享用（如果不喜欢法式滤压壶的漏出细粉,可以在咖啡冲好后再用滤纸过滤）。

图 7-4-6　抽拉按压两次

第五节　虹吸萃取

一、虹吸壶萃取

(一)简介

1840 年,苏格兰工程师罗伯特·内皮尔(Robert Napier)以化学实验用的试管为蓝本,创造出第一支真空式咖啡壶。两年后,法国瓦瑟夫人(Madame Vassieux)对此加以改良,大家熟悉的上下对流式虹吸壶从此诞生。瓦瑟夫人因此取得专利。19 世纪 50 年代,英国与德国已经开始生产制造虹吸壶。

物理学上的虹吸现象,指的是曲水管利用空气的压力差,将甲容器内的液体移到乙容器里的现象。虹吸壶(Syphon)其实并不是利用这种原理来萃取咖啡,而是利用热胀冷缩和气压原理,水加热后产生水蒸气,造成压力变大,将下壶里的热水推至上壶,待下壶冷却后再把上壶的水吸回来。所以虹吸壶最早的名字叫"真空壶"(Vacuum Pot)。

(二)构造

虹吸壶主要由上壶、下壶、滤网与支架构成,如图 7-5-1所示。上壶略呈漏斗状,下缘的细管可深入下壶,萃取时滤网应置于上壶的底部(即细管的上方)。一般而言,热源有两种,即酒精灯与液化气,现在比较流行使用卤素灯,其优点是能够稳定控制热量。

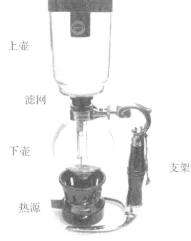

上壶

滤网

下壶

热源

支架

图 7-5-1　虹吸壶构造

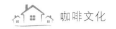

(三)研磨程度与烘焙程度

研磨程度:细研磨到中度研磨的咖啡粉,比较适合虹吸壶。

烘焙程度:浅烘焙、浅中烘焙、中烘焙、中深烘焙的咖啡豆都适用;深烘焙的咖啡豆不适用,容易出焦苦味。

(四)准备用品

虹吸壶一组、卤素灯、搅拌用竹匙、电子秤、温度计、拧干的湿抹布、咖啡杯碟一套。

(五)萃取过程

(1)将合适杯量的饮用水注入下壶中。

(2)用抹布擦干壶底的水分,防止下壶在加热过程中破裂。

(3)将滤网放在上壶中心,将珠串挂钩钩住上壶底部凸出玻璃管的外缘进行固定。

(4)点火加热,把上壶斜插进去,让橡胶边缘抵住下壶的壶嘴,使珠串浸泡在下壶的水里,烧水阶段用大火。

(5)烧水期间,在咖啡杯中倒入半杯热水进行温杯,使杯子保持在较高的温度,这样当我们的咖啡煮好后倒入杯子时不会过多地降低温度,从而影响咖啡的香味和口感。

(6)当下壶水沸腾后,调为中火,把上壶扶正,左右轻摇并稍微向下压,使之轻柔地塞进下壶,待下壶水通过玻璃管爬升到上壶中时,保持10~15秒,让水温稳定。

(7)倒入磨好的咖啡粉,将搅拌用竹匙左右拨动,把咖啡粉均匀地拨开至水里。第一次搅拌的同时开始计时。

(8)根据产地、烘焙度、研磨度计算萃取时间,咖啡粉表面不要出现大气泡或者裂纹(见图 7-5-2)。

图 7-5-2　咖啡粉表面出现大气泡,则表明火大了

(9)第一次搅拌后,计时约 30 秒,进行第二次搅拌,再计时约 20 秒,关闭火源,进行最后一次搅拌,向一个方向搅拌 6~8 圈。

（10）拿事先准备好的略湿抹布，由旁边轻轻包住下壶侧面。

（11）待咖啡流至下壶后，一手握住上壶，一手握住下壶握把，轻轻左右摇晃上壶，即可将上壶与下壶分开。

（12）把咖啡倒进温杯过的咖啡杯中，即可开始享用咖啡（见图7-5-3）。

图7-5-3　虹吸壶萃取的咖啡的饮用方式很多，热饮要温杯，冷饮要冰杯

（六）制作要点

（1）过滤器上的滤布清洗后要冰于水内保存，以免被氧化。

（2）咖啡粉和水的比例宜控制在1∶（10～17），可根据口味浓淡、烘焙度、研磨度不同进行调整，一般常用的比例为1∶15。

二、比利时咖啡壶萃取

（一）简介

比利时咖啡壶又名平衡式塞风壶（Balancing Syphon），简称比利时壶。发明人是19世纪末比利时人维迪（Weidy）。比利时壶因外观精美、华丽而成为高档工艺品，19世纪时已经是比利时皇室的御用咖啡壶。为了彰显皇家气派，比利时工匠费心打造出造型优雅的壶具，包金铸铜，把原本平凡无奇的咖啡壶，打造得光灿耀眼、体面非凡。

比利时咖啡壶兼有虹吸壶和摩卡壶的特点，从外表来看，它就像一个对称天平，右边是金属水壶和酒精灯，左边是盛着咖啡粉的玻璃水壶，两者中间通过一个真空管连接点（见图7-5-4）。

当金属水壶装满水时，天平失去平衡向右方倾斜；水沸腾后产生蒸汽压力，热水经由真空管被吸向玻璃水壶，浸润壶中的咖啡。等金属水壶里的水全部化成水汽被吸到玻璃水壶中时，金属水壶升高，酒精灯会被盖灭，随着温度下降，因为热胀冷缩和气压原理，热咖啡又会通过真空管底部的过滤器，回到金属水壶中，把咖啡渣留在玻璃水壶壶底。这时候打开连

接在金属水壶上的龙头,一杯香醇的咖啡就会流出。

(二)构造

比利时壶由酒精灯、金属水壶、玻璃水壶和真空管构等成(见图7-5-4)。

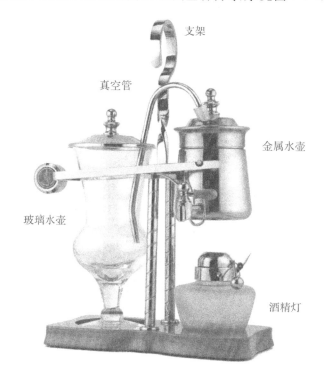

图7-5-4　比利时壶构造

(三)研磨程度与烘焙程度

研磨程度:中度研磨。

烘焙程度:浅烘焙、浅中烘焙、中烘焙、中深烘焙。

(四)准备用品

比利时咖啡壶、电子秤、量杯、咖啡杯碟一组。

(五)萃取过程

(1)将滤布用清水洗净后包在真空管一端的过滤喷头上。

(2)关紧金属水壶部分的水龙头,拧开注水口,注入少量热水温壶,然后再倒出。

(3)注入约450毫升热水,然后拧紧注水口,将真空管另一端紧紧插入。

(4)将30克中度研磨咖啡粉装入玻璃水壶中。

(5)将酒精灯上盖的重力锤往下压,卡住金属水壶,再点燃酒精灯。

(6)金属水壶中的水沸腾后,热水经由真空管流入玻璃水壶中。

(7)热水完全流到玻璃水壶中后,酒精灯自动熄灭,咖啡开始回流至金属水壶。

(8)等咖啡完全回流至金属水壶后,稍微转开注水口让空气对流,打开水龙头将咖啡注入温好的咖啡杯中,即可开始享用咖啡。

第六节　熬煮萃取与低温萃取

一、土耳其咖啡壶萃取

(一)简介

自从阿拉伯人发现咖啡具有提神功效之后,就开始将咖啡豆制成饮料。最早是将咖啡豆磨粉煮沸饮用。至今,这种煮咖啡的方式在土耳其、希腊等地仍然非常流行。阿拉伯国家特有的咖啡壶名叫"伊碧克(Ibrik)",它是一种带长柄的铜制或黄铜制的小型窄口锅,少数伊碧克内部还会镀锡。传统的土耳其咖啡不加奶,有时还会加入姜末、肉桂粉等香料,东方人很少能适应,也可不放这类香料。

(二)构造

土耳其咖啡壶是一个独立的带柄窄口小锅,如图 7-6-1 所示。

图 7-6-1　土耳其咖啡壶

(三)研磨程度与烘焙程度
研磨程度:极细研磨。
烘焙程度:深度烘焙。

(四)准备用品
土耳其咖啡壶、电子打火煤气炉、吧匙、土耳其咖啡杯碟一组。

(五)萃取过程

(1)将 10 克精细研磨咖啡粉和 5 克冰糖放入壶中。

(2)将 120 克冷水倒入壶中。

(3)移至火上,小火煮沸。

(4)煮沸后,待表面出现泡沫时,立刻离火(见图 7-6-2)。

图 7-6-2　小火煮沸,出现泡沫即离火

(5)搅拌壶中咖啡粉,让咖啡粉与水充分混合。

(6)再加热,沸腾时再度离火,静置数秒,但不搅拌。

(7)第三次放在火上煮至起泡时,熄火。

(8)静置数秒,小心倒入已温杯的咖啡杯中,即可开始享用咖啡(见图 7-6-3)。

图 7-6-3　倒入杯中

(六)制作要点

(1)土耳其咖啡粉所要求的细度是各式萃取法之最,一定要研磨到面粉细度。

(2)咖啡即将沸腾前,表面会出现一层金黄色的泡沫,泡沫逐渐增多,迅速涌上,应立即将壶离火,待泡沫落下后再放回火上,经过几次沸腾,咖啡逐渐浓稠。土耳其人和希腊人特别重视这层泡沫,因此在分享咖啡的时候,泡沫也要均匀分享。

(3)土耳其咖啡宜用冷水慢煮,这样容易煮出细泡沫,绽放咖啡香味,切忌为图省事,用温水或开水来煮。

二、冰滴壶萃取

(一)简介

冰滴咖啡,也称水滴咖啡或荷兰咖啡(Dutch Coffee),是采用冰块自然化水、冰水混合物或者冷水一滴一滴滴出来的。据说,萃取用的冰滴壶是巴黎的一个大主教发明的。事实上据考证,这种冰滴壶最早出现在日本京都,所以也叫京都式咖啡(Kyoto-style Coffee)。它使用冷水或冰水来萃取咖啡,借由自然渗透水压,调节水滴速度,以近乎冰点的低温萃取4~10小时。因为咖啡因在低温时不易溶于水,使得冰滴咖啡的苦感大大降低。长时间的滴滤,让咖啡原味自然再现。

(二)构造

冰滴壶由上水槽、点滴水栓、咖啡粉槽、过滤器和咖啡壶等几部分构成,如图 7-7-1 所示。

上水槽

点滴水栓

咖啡粉槽
过滤器

咖啡壶

图 7-7-1　冰滴壶构造

(三)研磨程度与烘焙程度

研磨程度:细度研磨。

烘焙程度:深度烘焙。

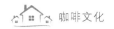

(四)准备用品

冰滴壶、量杯、电子秤、咖啡杯碟一组。

(五)萃取过程

(1)将过滤器放入咖啡粉槽底部。

(2)向上水槽中注入 1500 毫升 5℃ 冷水。

(3)在咖啡粉槽里放入依人数所计算分量的咖啡粉,注入少量的水使其全部浸湿。

(4)调节点滴水栓的阀门,让上水槽中的水以每分钟 40 滴的速度滴落(见图 7-7-2)。

图 7-7-2 调节点滴水栓阀门

(5)数小时后滴滤完成,即可开始享用咖啡。

(六)制作要点

(1)所萃取出的咖啡味道会依咖啡豆烘焙程度、水量、水温、水滴速度、咖啡豆研磨程度等因素而改变,而所萃取出来的咖啡也有不同的风味。

(2)为了避免发酵和保持风味,萃取得到的咖啡液必须放入冰箱冷藏,萃取完的冰咖啡在室内放置不要超过 8 小时。

(3)冰滴咖啡也可以加热后饮用,但加热时不能让咖啡沸腾。

第八章 花式咖啡制作

第一节 花式咖啡制作基础知识

一、咖啡伴侣

(一)乳品

1. 牛奶

在咖啡中添加牛奶能减轻咖啡的苦味,牛奶中的乳糖成分还会给咖啡带来甜味。全脂牛奶的脂肪含量约是3.0%,半脱脂牛奶的脂肪含量大约是1.5%,全脱脂牛奶的脂肪含量则低到0.5%。现在有一种"冰博客"浓缩牛奶,脂肪含量可高达4.0%以上,蛋白质含量达到6%。脂肪含量高的牛奶打发的奶泡更加绵密,持久度高,香气更浓,口感更加厚重浓郁,是制作花式咖啡的首选。不过很多注重健康的消费者会比较关注脂肪含量低的牛奶。脂肪含量低的牛奶更容易打出奶泡,适合初学者使用,不过奶泡的持久度不够。脱脂牛奶的主要成分是牛奶蛋白,它只能折射波长较短的光。这种牛奶由于脂肪含量低,喝起来会显得更甜。加热的脱脂牛奶可以产生更浓、更密集的奶泡,把它们加入咖啡后,会让咖啡变得接近灰色,也会让咖啡变得更甜。

2. 炼乳

炼乳是鲜牛奶蒸发浓缩后与蔗糖混合制成的,因此甜度很高,添加时需要注意适量。用越南滴滴壶制作咖啡时,往往会在杯底加上一勺炼乳,给咖啡增添独特风味。

3. 奶油

奶油能中和咖啡的苦味,质感蓬松,口感细腻。奶油在类型上分为动物奶油和植物奶油。动物奶油是由牛奶中的脂肪分离获得的。而植物奶油是以大豆等植物油和水、盐、奶粉等加工而成的。

从口感上说,动物奶油口味更佳。植物奶油的热量一般比动物奶油少一半以上,且饱和脂肪酸较少,不含胆固醇。植物奶油更易打发和塑形,稳定性好,价格为动物奶油的一半左右,但其健康性和口感常受质疑。

4. 奶精

奶精不是天然的农产品,是一种加入油脂、糖类、蛋白质,和水乳化,喷雾干燥成粉而成的人工调制品,使用方便,是速溶咖啡的良好伴侣。虽然它很像奶粉,却不含任何牛奶成分。它可以减弱咖啡的酸味和苦味,使咖啡口感更加丝滑,不过也饱受关注健康人士的质疑。

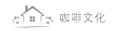

5. 奶油球

有一些咖啡馆会常备奶油球,其主要成分是植物油脂和奶脂,使用方便,是鲜奶油的便捷替代产品。有些奶油球还会添加各种不同的口味。奶油球同样因为健康问题受到关注。

(二)糖类

1. 方糖

方糖是用晶体粒度适当的精糖,与少量的精糖浓溶液混合,成为含水率 1.5%～2.5% 的湿糖,然后用成型机制成半方块状,再经干燥机干燥到含水率 0.5% 以下而制成的。其溶解速度略慢于绵白糖。

2. 绵白糖

绵白糖质地绵软、细腻,结晶颗粒细小,溶解速度快,甜度略低。

3. 白砂糖

白砂糖是含蔗糖 95% 以上的结晶体,比绵白糖含水率低,结晶颗粒较大,口味纯净,甜度较高,不易溶解。

4. 赤砂糖

赤砂糖是以甘蔗为原料,利用一步法生产白砂糖时的副产品,也是目前市场上主要的红糖产品。其主要成分是蔗糖,另外含有一定量的葡萄糖、果糖、微量元素、维生素等,有浓甜的焦苦味和糖蜜味。

5. 黄砂糖

黄砂糖也叫金砂糖,是含有一定营养成分的不带糖蜜的砂糖,色泽呈淡黄色。其生产工艺和白砂糖类似,但在生产过程中并不完全过滤其中的营养物质,所以它不仅保留了部分甘蔗香味和营养,并且保留了很多天然矿物质。使用黄砂糖可以突出咖啡的独特口感。

6. 冰糖

冰糖是砂糖的结晶再制品。自然生成的冰糖有白色、微黄色、淡灰色等颜色,味道纯净,溶解速度慢。

常见的用于咖啡饮品的糖,如图 8-1-1 所示。

图 8-1-1　常见的用于咖啡饮品的糖

7. 代糖

代糖的种类很多,根据产生热量与否,一般可分为营养性甜味剂(可产生热量)及非营养性甜味剂(无热量)两大类(见表 8-1-1),常见的有阿斯巴甜和木糖醇。因为其功能性,被有需要的人群选择。

表 8-1-1 代糖甜度比较

甜味剂		甜度
营养性	山梨醇	50% 蔗糖
	甘露醇	70% 蔗糖
	木糖醇	90% 蔗糖
	赤藻糖醇	70% 蔗糖
非营养性	阿斯巴甜	200 倍蔗糖
	糖精	300～500 倍蔗糖
	醋磺内酯钾	100～200 倍蔗糖
	蔗糖素	600 倍蔗糖

(三)果露糖浆

果露糖浆在咖啡调制中,能使咖啡风味更加多元,给客人带来奇妙的味觉体验。

果露糖浆可以分为热饮果露糖浆和冷饮果露糖浆等类型。热饮果露糖浆是指调制热咖啡时经常使用到的焦糖、榛果、香草、玫瑰等风味的果露糖浆,冷饮果露糖浆是指调制冰咖啡时经常使用到的绿薄荷、黑醋栗、百香果、奇异果等风味的果露糖浆。

目前市场上风味果露糖浆的品牌很多,进口和国产的都不少,价格跨度比较大,选购时要注意是否纯天然、风味特点等。

(四)酱汁类

1. 巧克力酱

巧克力酱是以可可粉和牛奶等为主要原料,加工制作而成的,是调制摩卡等咖啡饮品时的必备原料。其甜度比较高,口味丰富,口感厚重。巧克力酱在咖啡裱花中也经常使用。

2. 焦糖酱

焦糖酱浓度比焦糖糖浆高,是调制焦糖玛奇朵等咖啡饮品时的必备原料。其甜度高,有焦香味,能丰富咖啡和牛奶的风味。

(五)酒类

咖啡和美酒都有兴奋神经的作用,在咖啡中适量添加美酒,能增加咖啡口味与香气、提高咖啡口感烈度,产生令人难以抗拒的味觉体验。不过需要注意的是,咖啡中添加的酒水一定要适量,过量的话,咖啡会加重酒精对人体的伤害。

咖啡中经常添加的酒水有威士忌、白兰地、朗姆酒、金酒、百利甜酒、甘露酒等。

二、牛奶打发

(一)奶泡的制作

奶泡是咖啡拉花的核心,如果牛奶打发得不好,浓缩咖啡再完美都无法做出好的拉花作品,更遑论一杯好饮品。优质奶泡的关键在于牛奶和奶泡完美融合的状态。

依据奶泡和牛奶的融合状态,可将奶泡区分为湿奶泡和干奶泡。制作倾注成型的拉花必须使用牛奶和奶泡融合至恰到好处的湿奶泡,这种状态下的奶泡会像滴入水中的颜料般,在咖啡表面强而有力地扩散开;反之,牛奶和奶泡几乎呈现分离状态的干奶泡,奶泡一接触到咖啡表面就会凝聚成团,融合时只有牛奶和浓缩咖啡结合,不适合用于倾注成型的拉花制作。奶泡打发后立即制作咖啡拉花图案较明显,而奶泡打发后过段时间再进行咖啡拉花图案较不明显,也是这个原因所致。

细致均匀的奶泡与牛奶融合至恰到好处,如同相同质地般平滑绵密。这种状态的奶泡与浓缩咖啡完美结合后,可以制作出口感滑顺的咖啡拿铁。

奶泡粗大且分布不均,与牛奶的融合状态不稳定,肉眼就能看出奶泡的粗糙感。这种状态的奶泡制作出的咖啡拿铁口感不佳。

不同的咖啡拉花形态,也有不同的合适的奶泡温度(见图8-1-2)。一般而言,温度低的奶泡相较于温度高的奶泡口感更滑顺,更适合制作图案。当奶泡温度到达40℃时,牛奶中的蛋白质开始凝固,时间越久凝结得越扎实。温度太高的奶泡不适合用来拉花,口感也不佳。若想要在保有牛奶的甜味和香气的状态下制作出完美的咖啡拉花,最好将温度控制在50~60℃。

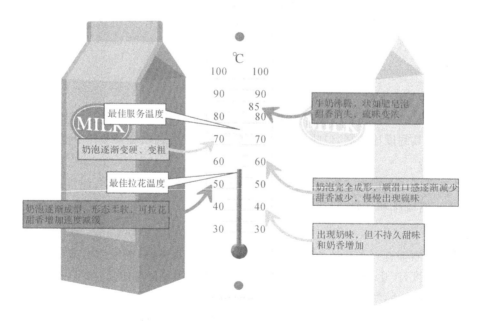

图 8-1-2　奶泡温度

从咖啡拉花的技术层面来看,温度低的奶泡不但有利于绘制出好的图案,风味也较佳,但多数人喜爱饮用 60～65℃ 的热饮，若是温度不足，一杯再好的咖啡都可能引发客户投诉。对于从事服务业的咖啡师来说，倾听客户要求、以客为尊也是不容忽视的课题。咖啡师通常会将奶泡加热至 70～75℃，这是因为制作饮品时奶泡会降温，等到制作完毕送至客户手上时，温度会变得更低。若想同时满足咖啡拉花的完成度以及饮品的风味，还要依据当天的天气、杯子的材质、预热与否等因素来调整奶泡的温度。

(二)牛奶发泡的基本原理

牛奶发泡就是利用蒸汽去冲打牛奶，在液态状的牛奶中打入空气，利用牛奶蛋白的表面张力作用，形成许多细小泡沫，让液态状的牛奶体积膨胀，成为泡沫状的牛奶泡。在发泡的过程中，乳糖因为温度升高，溶解于牛奶，并利用发泡的作用使乳糖封在牛奶之中，而牛奶脂肪的功用就是让这些细小泡沫形成稳定的状态，使这些牛奶泡在饮用时，细小泡沫会在口中破裂，让味道跟芳香物质有较好的散发放大作用，让牛奶产生香甜浓稠的味道跟口感。

牛奶在与咖啡融合时，分子之间的黏结力会比较强，应使咖啡与牛奶充分地结合，让其特性既能各自凸显出来，又能完全融合在一起，达到相辅相成的效果。

(三)影响牛奶发泡的因素

要想打好奶泡，需要注意以下五个因素。

1. 牛奶温度

牛奶温度在打发牛奶时是很重要的因素，温度越高，牛奶脂肪分解越多，发泡程度就越低。当牛奶在发泡时，起始的温度越低，蛋白质变性越完整均匀，发泡程度也越高。所以打奶泡时，最佳的牛奶保存温度在 4℃ 左右。

2. 牛奶脂肪含量

一般来说，牛奶脂肪的含量越高，奶泡的组织会越绵密，但奶泡的比例会较少。所以，如果全部都使用高脂肪含量的全脂牛奶，打出来的奶泡组织并不一定是最佳的状态，适当地加入一些发泡过的冰牛奶，打出来的奶泡组织跟奶泡量才会呈现又多又绵密的口感。不同含脂量的牛奶打发出来的奶泡的质量特征如表 8-1-2 所示。

表 8-1-2 不同含脂量牛奶打发出来的奶泡的质量特征

奶泡特征	脱脂牛奶	半脱脂牛奶	全脂牛奶
奶泡比例	最多	中等	较低
奶泡质感	粗糙	顺滑	稠密
奶泡口感	轻	较重	厚重
起泡大小	大	中	小

3. 蒸汽管形式

蒸汽管的出汽方式，主要分为外扩张式跟集中式两种。不同形式的蒸汽管，产生的出汽强度跟出汽量就会有所不同，再加上出汽孔的位置跟孔数的变化，就会造成在打发牛奶时角度跟方式的差异。外扩张式蒸汽管在打发牛奶时，不可以太靠近钢杯边缘，否则容易产生乱流现象；而集中式蒸汽管，在角度控制上就要比较注意，不然很容易打不出良好的奶泡组织。

4．蒸汽量多少

蒸汽量越多，打发牛奶的速度就越快，但相对也就越容易产生较粗的奶泡。蒸汽量大的蒸汽管，较适合用在较大的钢杯中，小的钢杯则容易产生乱流的现象。蒸汽量较小的蒸汽管，牛奶发泡效果较差，但好处是不容易产生粗大气泡，打发、打绵的时间较久，整体的掌控会比较容易。

5．蒸汽干燥度

蒸汽的干燥度越高，含水量就会越少，打出来的牛奶泡就会比较绵密、含水量较少，所以蒸汽的干燥度越低越好。

(四)打奶泡的方法

(1)选择牛奶。选择好新鲜牛奶，将低温保存的约4℃的鲜牛奶倒入奶缸。奶缸最好选择约700mL容量的，不锈钢材质的。鲜奶根据所制作咖啡品种的不同，倒入至奶缸的1/3～2/5处。

(2)空放蒸汽数秒，把蒸汽管前端的冷凝水放掉。

(3)将蒸汽管放置于奶缸的中心点，斜右下方45°靠近奶缸杯缘处，深度1～2厘米的地方。

(4)打开蒸汽管，奶缸慢慢往下移动，并使牛奶呈现旋涡方式转动(见图8-1-3)。

图 8-1-3　打发奶泡

(5)控制奶缸角度与移动速度，使牛奶持续以旋涡方式转动，并让体积发泡膨胀至1.5～2倍。

(6)停止移动奶缸，使蒸汽管深度加深，控制奶泡打至所需温度(65～70℃)，即停止。一般用手感觉，当奶缸烫手时，表示温度刚刚好。当然这个因人而异，初学者可以使用温度计进行控制。当温度超过70℃时，牛奶香气损失大半。

(7)快速关闭蒸汽，取下奶缸。迅速用湿布擦拭蒸汽管口，再次空放蒸汽数秒，冲去管口残留牛奶。

(8)奶泡打发完成后，把奶缸在操作台上轻敲几下，震破大奶泡；再逆时针轻微转动几圈，使奶泡密度更加均匀。

(五)要点

牛奶蒸煮至打出一定量的奶泡后,会出现一个规律的声音,这个声音会随着温度上升渐渐变大,到了特定的临界值声音又会有些不同。只要熟记伴随特定温度出现的声音,就可以将打发奶泡控制在相同温度。只要反复练习聆听打发奶泡的声音,任何人都可以掌握这个方法。

在对拉花钢杯中的牛奶内的特定点施加蒸汽时,打发奶泡会进行旋转融合,这个点称为"旋转点"。旋转点会因蒸汽棒的角度和蒸汽头的形态而不同,打发奶泡前必须确实掌握并加以调整。

拉花钢杯从上方俯视时呈现圆形,将此圆形以四条线进行划分(见图 8-1-4),会出现四个交叉点,这四个点就是旋转点。将蒸汽棒放入这四个位置施以蒸汽,即可顺利让奶泡进行旋转与融合。不过这只是图示范例,除了这四个点之外还有许多旋转点,建议大家依据自己使用的机器与蒸汽方式找出适合的旋转点。

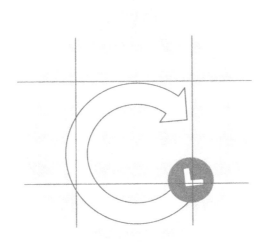

图 8-1-4 找到旋转点是打奶泡的关键

其实打奶泡并不复杂,要点就是"迅速"。在蒸汽启动的同时将空气注入牛奶内,尽可能在短时间内打出奶泡,再让奶泡和牛奶融合即可。奶泡的主要成分——蛋白质会随着温度而改变质地,低温时制作出的奶泡绵密滑顺,随着温度升高,牛奶的蛋白质熟化,奶泡会越来越硬。

快速制作奶泡还有一个诀窍,就是将打发奶泡时温度设定在 $50\sim60\,^{\circ}\mathrm{C}$,时间设定在 15 秒。奶泡制作速度越快,奶泡和牛奶融合的时间越长,自然能做出质量更好的打发奶泡;反之,如果制作奶泡的时间过长,奶泡和牛奶融合的时间变短,制作出的打发奶泡品质也不会太好。

三、发泡鲜奶油的制作

(一)裱花袋法

(1)将半退冰状的鲜奶油倒入搅拌缸内,其鲜奶油温度以 0～5℃为佳。鲜奶油的最佳打发状态为半退冰状态,能从罐中轻易地倒出来,即乳液中还含有碎冰而能流动的状态为最佳打发时机。

(2)用打蛋器快速打发鲜奶油,如鲜奶油中仍有碎冰存在,可先用中速模式打发至完全退冰再改用快速模式打发。

(3)鲜奶油在打发时会由稀薄状态逐渐变为浓稠状态,体积也逐渐膨大。

(4)继续搅拌至近完成阶段时,可看出打发状态的鲜奶油明显地呈现出可塑性花纹,此时即可停止打发(见图 8-1-5)。

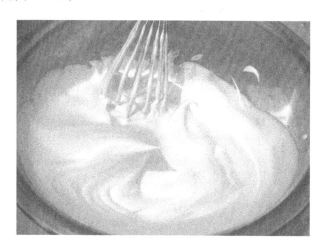

图 8-1-5 奶油打发出可塑花纹

(5)打发完成的鲜奶油,装入裱花袋中,套住前嘴,绑住后部,存放于冰箱中冷藏备用。其最佳使用状态是在打发完成后 40 分钟以内用完,因此以少量多次打发为宜。

(6)打发完成时如发现鲜奶油状态太稀太软,可立即再次打发至可塑性花纹出现为止,或者因存放冰箱内时间过久而缺乏可塑性时,同样可以重新打发或者掺入新的鲜奶油再一起打发。

(7)打发过度的鲜奶油,体积缩小而质地粗糙,颗粒大有分行状态而不具弹性和光泽,此时可再加入新的鲜奶油再重新打发,可获得应有的可塑性状态。

(8)打发完成的鲜奶油若过时不用或用量过剩时,可冷冻保存,留待下次加入新的鲜奶油一起打发,不影响状态及质量。

(9)需要使用鲜奶油时,一手握住裱花袋前端,把控方向,另一手扶住裱花袋后部,轻轻挤压,奶油从裱花嘴均匀挤出,顺时针沿杯壁画圈,黏住杯壁,由外向内画圈,在杯中心封住(见图 8-1-6)。

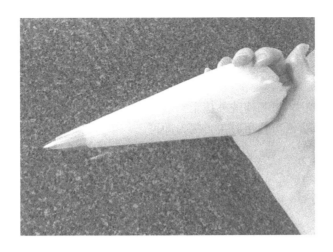

图 8-1-6 把控裱花袋后部的手,主要负责挤压

(二)奶油枪法

(1)常用奶油枪如图 8-1-7 所示,打开奶油枪上盖,取下弹仓保护帽。

(2)倒入鲜奶油(其温度以 0～5℃为佳),不要超过 1/2 处,锁紧奶油枪上盖。

(3)在弹仓中正确填入汽弹,并旋紧弹仓。

(4)套上选定的花式喷嘴,手持奶油枪,用力摇一摇。

(5)将奶油枪倒置,就可以压喷出奶油来了。

(6)若奶油没有用完,可以把奶油枪放入冰箱冷藏,再次使用前用力摇匀即可。

图 8-1-7 奶油枪

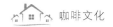

(三)喷射奶油

喷射奶油不用打发和清洁,使用更加方便,很多咖啡馆都在使用,如图 8-1-8 所示。

(1)使用前放冰箱内冷藏 3~4 个小时为佳,不需要冷冻。

(2)使用前用力摇匀。

(3)使用后翻开喷嘴,将其冲洗并擦干。

(4)放入冰箱冷藏,再次使用时用力摇匀即可。

图 8-1-8　喷射奶油

第二节　加牛奶类的花式咖啡

一、卡布奇诺咖啡的制作

(一)简介

创设于 1525 年的圣芳济教会(Capuchin),其修士身着褐色道袍,头戴一顶尖帽子,圣芳济教会传到意大利时,当地人觉得修士们的服饰很特别,就给他们取了个"Cappuccino"的名字。此名字的意大利文是指修士所穿的宽松长袍和小尖帽,源自意大利文"兜帽"即"Cappuccio";而"ino"这个后缀的意思是小的尺寸。

卡布奇诺(Cappuccino)作为咖啡名称,第一次提到是在 20 世纪 30 年代的意大利北部。最早的卡布奇诺咖啡的做法像维也纳咖啡,即咖啡加上奶油,撒上肉桂粉或巧克力。随着意式咖啡机的发明、Espresso 的出现,意大利人发现 Espresso 加上牛奶和奶泡后的棕褐色像极了圣芳济教会的修士所穿的褐色道袍和小兜帽,便用"Cappuccino"为此款咖啡命名。

(二)配方

Espresso,30mL;

鲜奶,140mL。

（三）制作流程

（1）将咖啡杯温杯后，盛装 30mL 的 Espresso。

（2）用量杯量取鲜奶倒入奶缸中，蒸汽管加热并使鲜奶发泡。

（3）将鲜奶倒入咖啡杯中，在咖啡上铺上满杯奶泡（见图 8-2-1）。

图 8-2-1　卡布奇诺咖啡有非常绵密扎实的口感

（四）制作要点

（1）咖啡、牛奶和奶泡的比例为 1∶3∶3 时最佳。

（2）有些卡布奇诺的配方中，会在咖啡液面上撒上柠檬皮丝、肉桂粉或可可粉，以丰富卡布奇诺的多样化风味。

（3）卡布奇诺还有干湿之分：干卡布奇诺（Dry Cappuccino）是指奶泡较多、牛奶量较少的做法，喝起来咖啡味浓过奶香味，适合重口味者饮用。湿卡布奇诺（Wet Cappuccino）则指奶泡较少、牛奶量较多的做法，奶香味盖过浓郁的咖啡味，适合口味清淡者饮用。

二、拿铁咖啡的制作

（一）简介

"拿铁"是意大利文"Latte"的译音，与法语单词"Lait"同义，都是指鲜奶。"Caffè Latte"就是所谓加了牛奶的咖啡，通常直接音译为"拿铁咖啡"甚至"拿铁"（见图 8-2-2）。至于法语中的"Cafe au Lait"就是指咖啡加牛奶，一般人称其为"咖啡欧蕾"或"欧蕾咖啡"。在英语世界里，Latte 是 Coffee Latte 的简称，泛指由热鲜奶所冲泡的咖啡。直到 20 世纪 80 年代，拿铁咖啡一词才在意大利境外使用。一般的拿铁咖啡的成分是 1/3 的浓缩咖啡加 2/3 的鲜奶，通常不加入奶泡。

美式拿铁咖啡其实是星巴克公司对拿铁咖啡进行的改造，将部分牛奶替换成奶泡。它与卡布奇诺相比，有更多鲜奶味道。

我们国内所说的拿铁咖啡，指的就是美式拿铁咖啡（见图 8-2-3）。

图 8-2-2　拿铁咖啡

图 8-2-3　美式拿铁咖啡

(二)配方

Espresso,30mL;

冰鲜奶,160mL。

(三)制作流程

(1)萃取 30mL 的 Espresso,注入咖啡杯中。

(2)用量杯量取冰鲜奶倒入奶缸中,蒸汽管加热并使鲜奶发泡。

(3)将鲜奶倒入温过的咖啡杯中(见图 8-2-4)。

图 8-2-4　拿铁的奶泡流动性好,更适合拉花

(四)制作要点

(1)美式拿铁咖啡的奶泡要比卡布奇诺咖啡少,牛奶膨胀 1.5 倍比较合适。咖啡、牛奶和奶泡的比例一般控制在 1∶6∶2。

(2)欧蕾咖啡也是牛奶加咖啡,不同的是,拿铁咖啡是牛奶加 Espresso,欧蕾咖啡是牛奶加滴滤式萃取的咖啡。

(3)Flat White 是澳大利亚人去咖啡馆最常点的咖啡品种,是拿铁咖啡的一个分支。因为倒出来的牛奶要刚好跟杯子成一个平面,所以叫"Flat(平的)",又因为牛奶的颜色得名"White(白)"。不同的是,它用的是 Ristretto 而不是 Espresso 做基底。

(4)咖啡拉花(Latte Art)指的是将鲜奶倒入咖啡杯时,咖啡师通过手腕些微的动作便能于杯中画出图案,这已成为一种艺术。

(5)制作拿铁咖啡时,可以在鲜奶缸里添加 30mL 的风味果露糖浆一起打发,这样可以制成风味拿铁,比较常见的有香草拿铁、玫瑰拿铁、榛果拿铁、焦糖拿铁等。

三、摩卡奇诺咖啡的制作

(一)简介

欧洲和中东某些地方会以摩卡奇诺"Moccaccino"去形容加入了可可或者巧克力的意式拿铁咖啡。在美国,摩卡奇诺就是指加入了巧克力的意式卡布奇诺。有时,会加入发泡鲜奶油、可可粉和棉花糖,以用来增加咖啡的风味。

(二)配方

Espresso,30mL;

冰鲜奶,160mL;

巧克力酱,20mL。

(三)制作流程

(1)取温好的咖啡杯,往杯底添加 15mL 巧克力酱。

(2)萃取 30mL Espresso 倒入咖啡杯中。

(3)用量杯量取冰鲜奶倒入奶缸中,蒸汽管加热并使鲜奶发泡。

(4)用汤匙稍挡住奶泡,将热鲜奶倒入咖啡杯中至九成满。

(5)铺上奶泡。

(6)淋上巧克力酱并裱花(见图 8-2-5)。

(四)制作要点

(1)有些摩卡奇诺咖啡在制作过程中,会将发泡鲜奶油挤在咖啡顶端,再淋上巧克力酱。

(2)巧克力酱裱花是跟拉花一样的咖啡艺术创作,一般会用牙签或钩花针在咖啡、奶泡和巧克力酱之间进行勾画。

四、焦糖玛奇朵咖啡的制作

(一)简介

玛奇朵"Macchiato"在意大利文里是"印记、烙印"的意思,因此玛奇朵咖啡的字面意思

图 8-2-5　巧克力酱裱花也能提升咖啡的观赏性

是以牛奶来上色的浓缩咖啡。玛奇朵咖啡又被称为玛琪雅朵咖啡,也称为玛琪雅朵浓缩咖啡(意大利语:Espresso Macchiato),是一种使用少量牛奶或奶泡加上 Espresso 制作而成的咖啡饮料。传统上,玛奇朵咖啡是以一杯 Espresso,上面加上大约一汤匙奶泡,让奶泡浮在咖啡表面作为点缀装饰。

星巴克公司在玛奇朵的基础上创制了焦糖玛奇朵(Caramel Macchiato),大受欢迎,成为一款流行的咖啡饮品(见图 8-2-6)。

图 8-2-6　星巴克公司的焦糖玛奇朵

(二)配方

Espresso,30mL;

冰鲜奶,160mL;

香草果露,10mL;

焦糖酱,约 10mL。

（三）制作流程

（1）萃取 30mL Espresso 倒入温好的咖啡杯中。

（2）用量杯量取冰鲜奶和香草果露倒入奶缸中，蒸汽管加热并使鲜奶发泡。

（3）用汤匙盛起奶泡，铺陈在咖啡表面。

（4）淋上焦糖酱并裱花。

（四）制作要点

（1）有些咖啡馆在制作焦糖玛奇朵的过程中，会将热鲜奶注入咖啡中，再铺上奶泡，淋上焦糖酱，整个制作过程其实就是拿铁的变种，不算玛奇朵。

（2）焦糖酱的裱花图案惯常是网格图。

五、拉花艺术

（一）咖啡拉花的基本原理

咖啡拉花产生的原理是在浓缩咖啡和打发奶泡融合形成的褐色泡沫层上，持续让白色奶泡延展，使图案浮现在表面。如果浓缩咖啡和打发奶泡没能均匀融合，褐色泡沫层没有顺利成形，则自然无法画出好的图案。

融合是拉花之前让打发奶泡与浓缩咖啡结合、将杯子填至 1/2 处左右的步骤（见图 8-2-7），就好比在画图纸上先涂上一层褐色泡沫。若是省略这个步骤直接进入拉花环节，则打发奶泡注入浓缩咖啡时会因稳固表面的力量不足，使得打发奶泡无法停顿在某处，而往四方扩散。

图 8-2-7 融合

（二）融合的方法

1. 打发奶泡注入的位置和高度

融合过程的重点之一是凸显 Crema（克丽玛）的色泽，除了让打发奶泡和浓缩咖啡均匀结合外，完美呈现克丽玛的深褐色，才能和咖啡拉花时白色打发奶泡形成鲜明的对比，让图案更显眼。要凸显克丽玛的色泽，从打发奶泡和浓缩咖啡融合时就要特别注意，别让打发奶

泡的奶泡覆盖克丽玛,务必让打发奶泡穿透克丽玛,从下方形成撑托的力量,才能让奶泡浮在表面。如果打发奶泡注入太多或是力道太强,穿透克丽玛的打发奶泡很可能会撞击杯底,回溅冲撞到克丽玛。

有的时候即使注入适量的打发奶泡,还是无法显现完美的克丽玛色泽。这可能是因为杯子和拉花钢杯之间的距离太远或是太近。如果杯子和拉花钢杯的距离太近,也就是拉花钢杯提起的高度太低,则穿透克丽玛的打发奶泡力道不足,使得奶泡堆积在克丽玛上方;相反,如果拉花钢杯提起的高度太高,打发奶泡以过强的力道注入杯中,则很可能会反弹回溅冲撞克丽玛。

大多数咖啡师在进行融合步骤时会将杯子倾斜约 45°,让浓缩咖啡往同一侧集中。浓缩咖啡的深度增加,较不容易发生打发奶泡注入后撞击杯底反弹的情况。此时如果失手将打发奶泡注入浅的而非深的那一侧,撞击杯底回弹的打发奶泡会破坏克丽玛,使咖啡表面的色泽变淡。

将适量的打发奶泡以适当的高度注入较深的浓缩咖啡侧,可说是融合的关键。打发奶泡和浓缩咖啡的品质也会影响成品的结果,咖啡师必须经由不断练习让技巧更纯熟。

2. 合适的杯型和容量

如何掌控融合的量?这取决于关系到咖啡拉花使用的杯型和容量。大致来说,宽幅度的浅杯所需的融合量较少,窄幅度的深杯所需的融合量较多。一般拿铁杯的高度不高,融合时填至杯子的 1/2 处即可。如果使用马克杯或外带杯等大容量的杯子,最好填至杯子的 2/3 处或是 3/4 处。

3. 起始位置

融合完成后,咖啡师就可以依照自己想要画的图案决定打发奶泡注入的位置。不同种类的拉花图案,开始注入的位置也不同,例如,心形图案是从距杯缘约 1/3 处开始拉花,郁金香和树叶图案则是从杯子中心处(即距杯缘约 1/2 处)开始拉花。

4. 高低落差

落差指的是咖啡表面和拉花钢杯之间的距离。距离越长,落差越大,打发奶泡穿过泡沫层的力道越强。如果想要画出鲜明的拉花图案,必须缩短二者之间的距离,让奶泡完美浮在咖啡表面。拉花时将杯子倾斜是为了让浓缩咖啡集中在同侧以减少落差,让图案可以更有效地呈现。

有时会发生扶正杯子的速度比注入打发奶泡的速度快,导致画不出图案的状况,这是突然产生落差而引发的现象。咖啡师可以借由反复的练习,来熟悉依据打发奶泡注入速度扶正杯子的操作。

(三)白心拉花操作

白心拉花的操作步骤如表 8-2-1 所示,其最终效果如图 8-2-8 所示。

表 8-2-1　白心拉花的操作步骤

步骤	具体内容	步骤	具体内容
1	咖啡杯倾斜 45°	3	融合至咖啡杯一半处
2	倒入奶泡	4	距杯缘 1/3 处开始拉花

步骤	具体内容	步骤	具体内容
5	原位置大奶流注入	9	垂直拉起，减少奶泡量
6	圆形完成时，拉花杯推向中央	10	从圆形中央拉出直线
7	奶泡逐渐向前延展	11	拉出尾巴
8	奶泡范围变大	12	完成

图 8-2-8　白心拉花

(四)郁金香拉花操作

郁金香拉花的操作步骤如表 8-2-2 所示，其最终效果如图 8-2-9 所示。

表 8-2-2　郁金香拉花的操作步骤

步骤	具体内容	步骤	具体内容
1	咖啡杯倾斜 45°	7	距杯缘 1/3 处开始第二个拉花
2	倒入奶泡	8	在第一个圆形里摇摆注入，制造纹路
3	融合至咖啡杯一半处	9	持续注入，将第一个圆形向前推进，使第二个圆形被第一个圆形包裹
4	距杯缘 1/2 处开始拉花	10	从整个圆形中央拉出直线
5	拉花缸向两侧微微摇摆，制造纹路	11	拉出尾巴
6	持续摇摆动作，完成第一个圆形	12	完成

图 8-2-9　郁金香拉花

第三节　其他花式咖啡

一、维也纳咖啡的制作

(一)简介

维也纳咖啡(Viennese Coffee)是奥地利最著名的咖啡,是一个名叫爱因·舒伯纳的马车夫发明的。它以浓郁的鲜奶油和甜美的巧克力风味迷倒了全球众多人士。雪白的鲜奶油上,洒落着五彩缤纷的巧克力米,扮相非常漂亮;隔着冰凉的鲜奶油啜饮滚烫的热咖啡,更是别有风味(见图 8-3-1)。

图 8-3-1　维也纳咖啡

(二)配方

热咖啡,170mL;

发泡鲜奶油,适量;

七彩巧克力米,适量;

冰糖,1 包。

(三)制作流程

(1)以虹吸壶萃取热咖啡 170mL,倒入温好的咖啡杯中。

(2)在咖啡表面挤上发泡鲜奶油。

(3)撒上七彩巧克力米,附上一包冰糖。

(四)制作要点

(1)有些维也纳咖啡的配方中会在奶油上面淋上少许巧克力酱以增加风味。

(2)大多数意式咖啡厅在制作维也纳咖啡时,使用意式咖啡机来萃取热咖啡。

二、皇家咖啡的制作

(一)简介

皇家咖啡(Royal Coffee),跟法兰西帝国皇帝拿破仑有关。他最喜欢的两种饮料是咖啡和干邑白兰地。相传,拿破仑远征俄国时,在漫长的冬夜中,为了御寒,他突发灵感,把这两样最爱的饮品合在了一起,并点燃。由于拿破仑已经称帝,故而他的这款咖啡也以"Royal"为名(见图 8-3-2)。

图 8-3-2　皇家咖啡

(二)配方

单品热咖啡,150mL;

方糖,1 块;

白兰地,10mL。

(三)制作流程

(1)以虹吸壶萃取热咖啡 150mL,倒入温好的咖啡杯中。

(2)在皇家咖啡匙里放上一块方糖,并架放在咖啡杯上。

(3)将白兰地倒入皇家咖啡匙上,并点上火让燃烧的白兰地融化皇家咖啡匙中的方糖,待糖液慢慢滴落到咖啡中即可饮用。

(四)制作要点

很多花式火焰咖啡需要燃烧烈酒,这样做一方面会有很好的视觉观赏效果,另一方面烈酒燃烧后,能适当降低这些鸡尾酒咖啡的酒精烈度。单就皇家咖啡而言,燃烧可以将方糖烧成焦糖从而增加咖啡风味。

三、爱尔兰咖啡的制作

(一)简介

1952年,美国记者斯坦在爱尔兰西部的 Shannon 机场着陆,低温和强风耽误了他回美国的航程。斯坦在候机大厅里的鸡尾酒吧台询问调酒师,在那种天气里他会建议自己喝点什么。调酒师制作了一杯热饮,斯坦品尝过后感觉极好,于是问调酒师这是什么,调酒师说这是我们的咖啡,我们称它为爱尔兰咖啡(见图 8-3-3)。

图 8-3-3　爱尔兰咖啡

斯坦回到美国旧金山后,把这个鸡尾酒配方送给了自己最喜欢的酒吧布纳·维斯塔(Buena Vista)。爱尔兰咖啡的成功属于布纳·维斯塔酒吧,酒吧与爱尔兰蒸馏酒(Irish Distillers)公司签订了供应爱尔兰威士忌的合同。在这种情况下,这个公司决定创建专门的威士忌品种用来制作爱尔兰咖啡鸡尾酒,并用酒吧的名字给它命名——布纳·维斯塔。

(二)配方

热咖啡,180mL;

爱尔兰威士忌,30mL;

冰糖,1 包;

发泡鲜奶油,适量。

(三)制作流程

(1)用虹吸壶萃取出 180mL 咖啡。

(2)在爱尔兰咖啡杯中倒入 30mL 爱尔兰威士忌和一包冰糖(约 8g),放在爱尔兰咖啡专用烤架上烤至冰糖融化。

(3)将热咖啡倒入爱尔兰咖啡杯中,至黑线为止。

(4)在咖啡表面挤上发泡鲜奶油,即完成。

(四)制作要点

(1)爱尔兰咖啡杯是一种方便于烤杯的耐热杯。烤杯可以去除烈酒中的酒精,让酒香与咖啡能够更直接地调和。

(2)爱尔兰咖啡需趁热喝,热的爱尔兰咖啡最能散发原汁原味的浓香。

第九章　风潮——行业趋势及赛事介绍

第一节　三波咖啡浪潮

第三波咖啡浪潮是由精品咖啡的兴起带来的，它让更多的人意识到，像红酒和精酿啤酒一样，咖啡从采摘到烘焙再到萃取，也需要人们细心的照顾、细致的加工。

在此之前，咖啡一直被认为是快消品。而在更早之前，咖啡只不过是搭配茶点的饮料，人们对其质量没有太多要求，而且流通于市面上更多的是速溶咖啡。

要深入理解"第三波咖啡浪潮"，我们必须首先了解什么是"第一波咖啡浪潮"和"第二波咖啡浪潮"。这三波咖啡浪潮在不同地区的不同时间开始和结束，有不同的主题：

第一波咖啡浪潮（19 世纪末—20 世纪 60 年代中期）：世界咖啡消费不断上升。

第二波咖啡浪潮（20 世纪 60 年代中期—21 世纪初）：优质咖啡的启示。

第三波咖啡浪潮（21 世纪初—　　）：原产地知识的推广与质量生产模式。

接下来，我们将逐一解释上述三波咖啡浪潮。

一、第一波咖啡浪潮历史

第一波咖啡浪潮可以追溯到 19 世纪末，当时商人们看到了一个巨大的潜在市场——咖啡，如 Folgers、Maxwell House 等速溶咖啡品牌迅速蔓延到美国，然后陆续传播到全世界。

关于第一波咖啡浪潮是有争议的，因为当时的生产商为了方便和大规模生产而放弃了对品味和质量的追求。尽管如此，第一波咖啡浪潮仍为普通消费者能喝上低价咖啡奠定了基础。这一时期，咖啡业得到了迅速发展，咖啡的种植、生产、包装和营销技术都在快速变化。

（一）真空包装

也许咖啡产品最重要的创新是真空包装技术。Hills Bros 公司的创始人 R. W. Hills 在 1900 年发明了真空包装技术，可以从包装罐中抽出空气来确保咖啡的新鲜度（见图 9-1-1）。这完全改变了传统的"当地生产，当地销售"的烘焙模式，允许咖啡产品在美国各州进行流通，如从旧金山和芝加哥被运往纽约出售。

（二）速溶咖啡

20 世纪初，美国各行各业都经历了巨大的变化，现代化生产技术大大提高了生产效率，速溶咖啡技术正是在这个时期应运而生。1903 年，日本出生的加藤聪（Satori Kato）申请并成功注册了速溶咖啡的专利。速溶咖啡很容易冲煮，不需要任何设备，因此在第一次世界大

图 9-1-1　Hills Bros 公司的咖啡包装罐

战期间,迅速得到了人们的欢迎。1938 年,雀巢公司推出了速溶咖啡产品,并在第二次世界大战期间向美国军队提供补给。此外,20 世纪中叶快节奏的现代生活方式也为速溶咖啡的兴起铺平了道路。1969 年,雀巢公司生产的速溶咖啡甚至跟随阿波罗号飞船登上月球(见图 9-1-2)。到 20 世纪 70 年代,世界上近 1/3 的咖啡被用于生产速溶咖啡;但到了 80 年代,由于美国的食品质量危机,速溶咖啡销售量逐渐开始走下坡路。

图 9-1-2　1969 年雀巢公司的速溶咖啡跟随阿波罗号飞船登月

图片来源:https://www.nescafe.com/.

(三)Folgers:"每天起床最美好的事情"

19 世纪中叶,威廉·博维(William H. Bovee)在美国加利福尼亚州创立了先锋蒸汽咖啡和香料加工公司,并开始生产预先煮熟的、磨碎的且密封在小罐中的咖啡产品。此前,咖啡一直流行于上层阶级,博维决定将咖啡扩展到人数更为庞大的中产阶级。为了完成工厂的建设,博维雇用了詹姆斯·福尔格斯(James Folgers)。根据 Folgers 咖啡公司的历史记载,工厂建成后,福尔格斯决定离开公司。在离开之前,他收集并整理了先锋公司几乎所有的咖啡和香料样品。1865 年,福尔格斯作为合伙人回到了先锋公司。1872 年,他买下了先锋公司,并将公司重新命名为 J. A. Folgers & Co。正是在那个时期,美国的咖啡市场开始迅猛增长。自 1984 年起,"每天起床最美好的事"这个广告就成为该公司的品牌标签。

(四)Maxwell House:"美味直至最后一滴"

19 世纪末,位于美国田纳西州纳什维尔的咖啡商乔尔·麦克斯韦尔在约翰·尼尔等商业伙伴的帮助下,建立了 Maxwell House 咖啡公司。当时的美国总统罗斯福在品尝了 Maxwell House 的咖啡后说了一句"美味到最后一滴"(见图 9-1-3)。20 世纪初,Maxwell House 公司实现了快速增长,到 1924 年,公司的广告费用达到了惊人的 276894 美元。在广告营销上的高投资被证明是正确的选择,一年后,Maxwell House 成为美国最著名的咖啡品牌。

图 9-1-3　Maxwell House 公司的广告

图片来源:https://i.etsystatic.com/12818406/r/il/f48db8/1448666283/il_fullxfull.1448666283_iwnv.jpg.

(五)Mr. Coffee 咖啡机

当接近第二波咖啡浪潮时,我们必须提到文森特·马洛塔(Vincent Marotta)。家用全自动滴注咖啡机的发明者马洛塔将他的发明命名为 Mr. Coffee,并邀请洋基快船队的顶级明星乔·迪马吉奥(Joe DiMaggio)为该产品代言(见图 9-1-4)。20 世纪 70 年代末,该公司每天销售近 4 万台咖啡机。

图 9-1-4　球星乔·迪马吉奥和 Mr. Coffee 咖啡机

图片来源：https://www.npr.org/sections/thesalt/2016/12/16/505464932/when-mr-coffee-was-the-must-have-christmas-gift-for-java-snobs.

二、第二波咖啡浪潮历史

第二波咖啡浪潮的主要驱动力来自第一波咖啡浪潮中劣质咖啡的不良影响。消费者想知道他们的咖啡是从哪里来的，以及咖啡是如何烘焙的。"精品咖啡"的概念也是在那个时期逐渐形成的。人们不再追求简单的饮品，而开始追寻它背后的知识和文化，来更好地享受咖啡带来的消费体验。一些咖啡历史学家认为，这一想法在很大程度上受到了红酒行业的影响，咖啡行业中使用的生产标准和商业模式也发生了变化。

意式浓缩、拿铁、法式滤压咖啡等在精品咖啡爱好者当中变得愈发普及。但后人对于第二波咖啡浪潮的批判在于，第二波咖啡浪潮在后期似乎迷失了方向，人们忘记了咖啡生产和消费行为对环境和社会的影响。也正是在那段时间里，咖啡馆的业态变得越来越普及，人们逐渐接受并习惯了现场生产的消费模式，其中最具代表性的是星巴克公司。

(一)星巴克

受加利福尼亚州伯克利皮特咖啡与茶(Peet's Coffee & Tea)影响的星巴克公司，于1971 年在华盛顿州西雅图开设了其第一家门店(见图 9-1-5)，新鲜烘焙的咖啡是其主要产品。三个合作伙伴杰里·鲍德温(Jerry Baldwin)、泽夫·西格尔(Zev Siegl)和戈登·巴克(Gordon Barker)都痴迷于新鲜的烘焙咖啡。与同期的其他咖啡馆相比，星巴克关于"第二波咖啡浪潮"的概念更加先进。当霍华德·舒尔茨(Howard Schultz)加入管理团队并担任市场和零售运营总监后，他游说其他三个合作伙伴进行咖啡现场制作，但他们不同意。此后，舒尔茨离开星巴克，建立了连锁咖啡品牌，取得了成功，并在 1987 年以 380 万美元的价格收购了星巴克。在此之后，星巴克除了提供新鲜磨碎的咖啡粉外，第一次有了现场浓缩咖啡和拿铁咖啡。重生的星巴克发展迅速，在 20 世纪 90 年代平均每天开一家新店；到 2000年，该公司已拥有 3000 多家门店。正是星巴克导致了咖啡市场的另一个重大变化，星巴克重新定义了精品咖啡，并将这个理念以及咖啡馆的消费模式推广给公众。从那以后起，其他咖啡品牌就试图效仿星巴克的商业模式，人们慢慢地接受了咖啡不仅是一种精致的饮品，而且是一种社交工具。截至 2021 年 8 月,星巴克已经在中国内地 200 多个城市开设了约 5100 家门店,而星巴克在全世界的门店已经超过了 32660 家。

图 9-1-5　星巴克第一家门店开在西雅图

图片来源:https://www.globalsocialmediamarketing.com/global-economics-international-business/.

(二)其他连锁品牌

于第二波咖啡浪潮时期兴起的连锁咖啡品牌还有:

1. 驯鹿咖啡(Caribou Coffee)

驯鹿咖啡是创建于 1992 年的美国著名咖啡连锁企业,是公司创始人在阿拉斯加州背包旅行结束后创立的。在德纳利国家公园的山顶上,他们开始计划建立一个特殊的公司,将山地体验带到当地的社区,在那里客户可以找到一个地方,“逃避日常例行公事”。在下山过程中,他们看到一群野生驯鹿奔腾呼啸而来,雷鸣般地穿过山谷,这壮丽的景致令人震撼!因此他们决定以“驯鹿”为新公司命名(见图 9-1-6)。目前,驯鹿咖啡在全球 10 余个国家和地区拥有 600 多家门店。

图 9-1-6　驯鹿咖啡

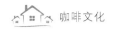

2. 咖啡陪你(Caffebene)

咖啡陪你是诞生于 2008 年的韩国咖啡连锁品牌,目前在全球有 700 多家门店,遍布十几个国家。该品牌通过韩国明星的市场营销活动,被全世界粉丝知晓。咖啡陪你是亚洲第二次咖啡浪潮中连锁品牌的代表,但是诞生时适逢第三次咖啡浪潮已经席卷全球,人们关于咖啡的消费理念发生了较大变化。咖啡陪你是选择在第二次咖啡浪潮里升级,还是选择转型拥抱第三次咖啡浪潮,这是他们要思考的问题。

三、第三波咖啡浪潮历史

第三波咖啡浪潮的概念出现得很晚。"第三波"一词最早是在 2002 年由咖啡烘焙师崔西·罗斯格特(Trish Rothget)发表于 *Roast* 杂志上。罗斯格特第一次将咖啡历史上的三个主要变化定义为"浪潮"。从那时起,"第三波咖啡浪潮"的概念就被业界广泛接受。

第三波咖啡浪潮的主题是关注原产地知识的推广与质量生产模式。一些人认为,第三波咖啡浪潮的兴起是对以前低质量咖啡和假广告市场的回应。第三波咖啡浪潮的兴起并不是基于广告或社交网络。与前两波浪潮相比,我们会发现第一波以消费者为主导,注重产品推广和批量生产,第二波以广告和营销为主,咖啡质量仍不令人满意,第三波是由产品本身主导的,不包括其他无关的因素。

从这个角度来看,第三波咖啡浪潮反映了前两波所留下的问题,旨在提高咖啡的质量。

随着产品信息变得更加透明,消费者现在可以追溯他们所购产品的国家、产品的种植园以及土壤、海拔和加工技术等信息。参与第三波咖啡浪潮的绝大多数烘焙师和咖啡馆都是小而独立的,许多人选择在家烘焙,向消费者展示他们对咖啡的热爱,并与更多的人分享美味的咖啡。

在第三波咖啡浪潮中出现了三个较大、较成功的咖啡品牌:芝加哥的知识分子咖啡和茶(Intelligentsia Coffee & Tea)、北卡罗来纳的反文化咖啡(Counter Culture Coffee)和波特兰的树墩城咖啡(Stumptown Coffee Roasters)。他们都坚持高质量的咖啡和可持续的采购模式。咖啡教育已经成为他们商业模式的核心,因为他们坚信,只有让更多的人更加了解咖啡,才能真正推动精品咖啡行业向前发展。

(一)Intelligentsia Coffee & Tea

知识分子咖啡与茶(见图 9-1-7)是一家美国咖啡烘焙公司和零售商,总部设在伊利诺伊州芝加哥市,由道格·泽尔和艾米莉·曼格于 1995 年创立。

(二)Counter Culture Coffee

反文化咖啡位于北卡罗来纳州达勒姆,是一间咖啡豆烘焙公司,供应该公司出品的咖啡馆遍布美国东海岸及更远地区。反文化咖啡拥有自己独特的风味体系,如图 9-1-8 所示。

(三)Stumptown Coffee Roasters

树墩城咖啡是一家咖啡烘焙商和零售商,总部设在美国俄勒冈州波特兰市。该连锁店的旗舰店于 1999 年开业。此后,在波特兰以及西雅图、纽约、洛杉矶、芝加哥和新奥尔良相继开设了咖啡馆和烘焙店。

图 9-1-7 知识分子咖啡馆

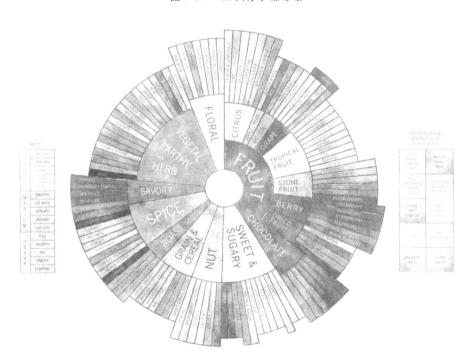

图 9-1-8 反文化咖啡的风味体系构成

图片来源:http://i1.wp.com/evilleeye.com/wp-content/uploads/2015/04/counter-culture-flavor-wheel.jpg.

图 9-1-9　树墩城咖啡店

第二节　咖啡赛事

一、世界咖啡师大赛

主办方：世界咖啡活动委员会（World Coffee Events，WCE）。

简介：世界咖啡师大赛（World Barista Championship，WBC）是国际领先水平的咖啡竞技赛事（见图 9-2-1）。世界咖啡师大赛由原欧洲精品咖啡协会（Speciality Coffee Association of Europe，SCAE）和原美国精品咖啡协会（Speciality Coffee Association of America，SCAA）共同发起，专注于发扬咖啡文化，提高咖啡师的专业性。

图 9-2-1　世界咖啡师大赛

比赛规则：选手分别要在 15 分钟内按照严格的要求和标准完成 4 杯意式浓缩咖啡、4 杯牛奶咖啡和 4 杯创意咖啡。来自世界各地的世界咖啡师大赛认证评委依据饮品的口味、纯度、创造力、技术水平和整体表现来对其进行评估。每年,世界咖啡师大赛赛事伴随着咖啡的滴滴醇香与世界各地的咖啡文化爱好者共同传播和坚守关于咖啡的梦想。

世界咖啡师大赛中国区选拔赛(China Barista Championship,CBC)经由世界咖啡师大赛(WBC)授权,是中国一项具有专业水准、系统运作和国际认证的咖啡制作比赛。该比赛于 2003 年引入中国后,着重突出咖啡的制作环节和技术,并一直致力于弘扬中国咖啡文化理念,每年选拔出来的优秀咖啡师会在上海国际酒店用品博览会现场展示技艺,一决高下,争夺代表中国赴海外参加世界咖啡师大赛(WBC)的唯一名额。

二、世界虹吸壶大赛

主办方:日本精品咖啡协会(Speciality Coffee Association of Japan,SCAJ)。

简介:2009 年举办了第一届世界虹吸壶大赛(World Siphonist Championship,WSC,见图 9-2-2)。该项竞赛在原美国精品咖啡协会(SCAA)及原欧洲精品咖啡协会(SCAE)的协助下,逐年扩大举办范围。在第一届世界虹吸壶大赛中,各参赛选手努力展现希望赢得荣誉,最后由我国台湾选手李雅婷荣获冠军。2018 年 2 月 16 日,经 WSC 组委会组织讨论后一致同意,2020 年第 11 届世界虹吸壶大赛由中国云南省普洱市承办[①]。

图 9-2-2　世界虹吸壶大赛

比赛规则:该比赛分为初赛与决赛。初赛需冲煮三壶,出两杯热咖啡(分两壶煮)、两杯创意咖啡(由一壶煮即可)。初赛准备时间与竞赛时间各为 10 分钟。决赛需冲煮五壶,必须出四杯热咖啡与四杯创意咖啡。决赛的准备时间与竞赛时间各为 15 分钟。

三、世界咖啡冲煮大赛

主办方:世界咖啡活动委员会(WCE)。

简介:世界咖啡冲煮大赛(World Brewers Cup,WBrC,见图 9-2-3)是比拼咖啡手冲萃取技艺的赛事。这项赛事的精髓就在于让咖啡师回归本源,为顾客制作一杯高品质的黑咖啡,它致力于提升手工咖啡萃取与服务的专业水准。

---

① 延期举行。

图 9-2-3　世界咖啡冲煮大赛

比赛规则：世界咖啡冲煮大赛分为两个部分：指定冲煮和自选冲煮。

（1）指定冲煮。①选手有 5 分钟的准备时间，以及 7 分钟的时间制作和出品咖啡，给评委的三杯咖啡需要分别制作；②在指定冲煮中，选手将使用同一种熟豆，用同样标准的设备制作咖啡。

（2）自选冲煮。①选手有 5 分钟的准备时间，以及 10 分钟的时间制作和出品咖啡，给评委的三杯咖啡需要分别制作；②在自选冲煮中，选手将使用自备的熟豆，可选用不同器具，看谁制作的咖啡更好喝，萃取过程以及服务过程的流畅程度都将纳入评判范围。

四、云南咖啡杯中国冲煮大赛

主办方：云南省农业农村厅[①]。

简介：云南咖啡杯中国冲煮大赛（China Brewers Championship，见图 9-2-4）是目前中国咖啡界唯一由政府主办的最高规格赛事。2015—2020 年，已完成六届比赛，在我国 29 个省份 72 个城市共举办 115 场比赛。有来自国内外的 2500 余名选手报名参赛，有近 900 名中外评委参加执裁。"赛场分布广、赛事规格高、参赛选手多、社会影响大"是该赛事的最大亮点。2021 年更名为中国咖啡冲煮大赛。

图 9-2-4　云南咖啡杯中国冲煮大赛

比赛规则：该比赛分为指定冲煮和自选冲煮两个环节，总分高者胜出。

（1）指定冲煮环节。选手一律使用大赛组委会提供的云南精品咖啡豆参加比赛。

（2）自选冲煮环节。选手可选择世界任何产地的咖啡豆参加比赛。

---

① 2021 年后，主办方更换为上海咖竞汇文化传播有限公司。

2018 年开始,单独设立院校组环节,在注重院校高质量咖啡人才培养和选拔方面的决心,有目共睹。

五、世界土耳其咖啡大赛

主办方:世界咖啡活动委员会(WCE)。

简介:世界土耳其咖啡大赛(Cezve/Ibrik Championship,C/IC)是一项以弘扬传统文化而展开的赛事(见图 9-2-5)。在这个比赛中,可以看到冲煮咖啡的土耳其壶(Cezve 或 Ibrik)。Cezve 也称 Ibrik,是一种流行于东欧、中东和北非部分地区的特殊咖啡壶,壶身可以由金属、黄铜或陶瓷制成,具有独特的长手柄和专为盛咖啡而设计的边缘。大赛鼓励参赛者使用自己制作的咖啡壶,以展示古老的咖啡制作方式。

图 9-2-5　世界土耳其咖啡大赛

比赛规则:该比赛分两轮进行,参赛选手需要在 36 分钟内完成准备、制作展示和清理工作。在整个过程中,由一名主评委、一名技术评委和两名感官评委进行打分,根据总分由高到低排名。如果第一轮参赛选手有 14 名或 14 名以上,则选取前 6 名进入下一轮总决赛;如果第一轮参赛选手少于 14 名,则选取前 4 名进入总决赛。第二轮比赛的内容和方式与第一轮相同,得分最高者即为冠军。

六、世界咖啡杯测大赛

主办方:世界咖啡活动委员会(WCE)。

简介:世界咖啡杯测大赛(World Cup Tasters Championship,WCTC,见图 9-2-6)是由专业的咖啡品鉴师在特定时间内展现其识别不同咖啡之间特质能力的一项赛事。

图 9-2-6　世界咖啡杯测大赛

比赛规则:比赛由一系列三角杯测组成。3 杯咖啡为一组别,其中 2 杯为相同的咖啡液,选手需利用其味觉、嗅觉等感官体验和经验尽快分辨出其中 1 杯不同的咖啡,并将其放置在确认区。在竞赛时间内,每位选手皆有 8 组咖啡需要分辨,同场的选手皆结束杯测以后,以答对最多组者为优胜,若答对组数相同则以时间最少者为胜出。

七、世界咖啡拉花艺术大赛

主办方:世界咖啡活动委员会(WCE)。

简介:世界咖啡拉花艺术大赛(World Latte Art Championship,WLAC,见图 9-2-7)是由 WCE 基于推广精品咖啡而发起的一项专业咖啡大赛。世界咖啡拉花艺术大赛是继世界咖啡师大赛后掀起的第二波咖啡竞技狂潮,是咖啡届第二大赛事,是咖啡拉花艺术的最高级别专业赛事。

图 9-2-7 世界咖啡拉花艺术大赛

比赛规则:世界咖啡拉花艺术大赛每年举办一次,在各个国家进行分区赛角逐出一名冠军,再进行最后的总决赛角逐出世界冠军。比赛中使用的咖啡机、磨豆机、咖啡豆、牛奶等均由主办方提供,以确保公平性。比赛共分两轮:初赛和决赛。

(1)初赛。初赛又分为两部分:艺术吧台和操作吧台。①艺术吧台:参赛者有 5 分钟的准备时间和 10 分钟的比赛时间。参赛者要在 10 分钟内完成作品,以供摄影师拍摄。摄影师将会以一个标准的格式为所有参赛者的作品拍照。评委将根据照片来评分。②操作吧台:参赛者需完成两杯相同的常规拉花拿铁和两杯相同的设计拉花拿铁。每位参赛者有 5 分钟的准备时间和 8 分钟的比赛时间。参赛者需事先提供制作好的参赛作品图片给评委,评委将以此来作为评分的参考。评分的项目包括两组图案和相应图片的一致性、对比度、大小和谐性和花式在杯中的位置、图案的创意性(指初赛)、难度分、奶泡的视觉效果、整体视觉效果、专业表现(对客服务技巧、自信、才华等)以及其他技术类型项目。初赛得分包括艺术吧台分数、操作吧台分数,得分最高的六位参赛者将会进入决赛。

(2)决赛。整个决赛过程都是在操作吧台上完成的。在决赛中,参赛者每人需完成六杯饮品:两杯相同的拉花玛奇朵、两杯相同的常规拉花拿铁、两杯相同的设计拉花拿铁。该环节的评分标准和初赛操作吧台是一样的。

八、世界咖啡与烈酒大赛

主办方:世界咖啡活动委员会(WCE)。

简介：世界咖啡与烈酒大赛（World Coffee in Good Spirits Championship，WCGSC，见图 9-2-8），旨在将咖啡饮品与烈酒进行完美结合，让咖啡师与调酒师充分发挥各自的想象力，运用各自的技艺，让消费者或者咖啡烈酒爱好者了解并品尝到更多与众不同的咖啡与烈酒风味。世界咖啡与烈酒大赛是展现咖啡与烈酒之间调制技艺的舞台，是一项展示咖啡调酒创意的赛事，既涵盖传统的爱尔兰咖啡（咖啡与威士忌），也包括含咖啡的特调鸡尾酒饮品。

图 9-2-8　世界咖啡与烈酒大赛

比赛规则：大赛设初赛与决赛两轮，每轮由两名感官评委、一名技术评委、一名裁判长进行评判。初赛时，选手需在 8 分钟的比赛时间里制作 4 杯咖啡（2 冷 2 热的以咖啡与烈酒为基底的个性饮品）；决赛时，选手同样需要在 8 分钟的比赛时间里制作 2 杯创意含酒精咖啡（冷或热的以咖啡与烈酒为基底的个性饮品）＋2 杯爱尔兰咖啡。

九、世界咖啡烘焙大赛

主办方：世界咖啡活动委员会（WCE）。

简介：世界咖啡烘焙大赛（World Coffee Roasting Championship，WCRC，见图 9-2-9）是基于推广精品咖啡而发起的专业咖啡竞赛。这是一场享誉国际的咖啡大赛，是咖啡烘焙技术的最高级别的华丽竞演。

图 9-2-9　世界咖啡烘焙大赛

比赛规则：比赛从参赛者对咖啡生豆的评估、设定指定咖啡豆的最优烘焙曲线、制作咖啡豆烘焙成品三方面进行评判，是对参赛者烘焙经验和学识的综合检测。烘焙成品将以盲测的方式，由专业评委进行杯测，并确定最终得分。

除了以上赛事，咖啡界的比赛还有很多。比赛是促进技艺提高、推动行业发展的重要手段。万类霜天竞自由，这些比赛也给了广大咖啡从业者很好的竞技和交流平台。

参考文献

[1] 布朗.咖啡生豆的采购科学[M].台北:方言文化出版事业有限公司,2019.

[2] 崔致熏,元景首,金世轩,等.咖啡专业知识全书[M].台北:华云数位股份有限公司,2018.

[3] 韩怀宗.世界咖啡学[M].北京:中信出版社,2017.

[4] 霍夫曼.世界咖啡地图[M].北京:中信出版社,2020.

[5] 拉奥.咖啡冲煮的科学[M].台北:方言文化出版事业有限公司,2020.

[6] 拉奥.咖啡烘豆的科学[M].台北:方言文化出版事业有限公司,2020.

[7] 彭德格拉斯特.左手咖啡,右手世界[M].北京:机械工业出版社,2021.

[8] 田口护.田口护精品咖啡大全[M].石家庄:河北科学技术出版社,2015.

附录:咖啡记录表

意式浓缩咖啡萃取记录表

时间:_____ 温度:___℃ 湿度:___% 咖啡师:_____

咖啡信息	材料设备信息
国家:_____ 产地:_____ 庄园:_____ 豆种:_____ 处理法:_____ 烘焙日期:_____ 储存容器:_____ 烘焙后第_____天 烘焙度:_____ Agtron 豆(豆):_____ ♯ Agtron 粉(豆):_____ ♯ 烘焙师:_____	咖啡机: 磨豆机: 研磨度: 粉重: 水系统: 水质(TDS): ppm 水质(pH 值): 水温: 压力: 粉液比①:

动作	步骤	预浸	1	2	3
	时间				
	重量				
	温度				
	压力				

萃取	总时长: 萃取浓度 TDS②: 萃取率:

萃取目标:

评测
(左图用标示出各项得分,右侧为各项文字说明)

香气 干净度 100 95 90 85 80 75 70 65 60 风味 余韵 酸质 平衡性 甜度 体脂感

色泽:
香气:
风味:
余韵:
酸质:
醇厚感:
平衡感:
甜度:

原因分析:　　　　　　　　　　改进计划:

---

① 粉液比指的是咖啡粉的克重与萃取出的咖啡液克重的比例。

② 测试意式浓缩咖啡浓度时,要先过滤掉 Crema。

重力式萃取记录表

时间：_____   温度：____℃   湿度：____%   咖啡师：_____

咖啡信息	材料设备信息
国家：_____ 产地：_____ 庄园：_____ 豆种：_____ 处理法：_____ 烘焙日期：_____ 储存容器：_____ 烘焙后第_____天 烘焙度：_____ Agtron 豆（豆）：_____ ♯ Agtron 粉（豆）：_____ ♯ 烘焙师：_____	滤器型号及材质： 磨豆机： 研磨度： 粉重： 筛粉器： 目数： 水质（TDS）： ppm 水质（pH 值）： 水温： 粉水比：①

	步骤	1	2	3	4	5
注水	时间					
	重量					
	温度					
萃取	总时长： 萃取浓度 TDS： 萃取率：					

萃取目标：

评测 （左图用标示 出各项得分， 右侧为各项文 字说明）	香气 干净度 风味 余韵 酸质 平衡性 甜度 体脂感	香气： 风味： 余韵： 酸质： 醇厚感： 平衡感： 整体印象：
原因分析：		改进计划：

_____

① 粉水比指的是咖啡粉的克重与注水的克重之间的比例。

虹吸式萃取记录表

时间:_____ 温度:____℃ 湿度:____% 咖啡师:_____

咖啡信息	材料设备信息

咖啡信息

国家:_____
产地:_____
庄园:_____
豆种:_____
处理法:_____
烘焙日期:_____
储存容器:_____
烘焙后第_____天
烘焙度:_____
Agtron 豆(豆):_____ ♯
Agtron 粉(豆):_____ ♯
烘焙师:_____

材料设备信息

虹吸壶品牌及型号:
热源:
滤器材质:
磨豆机:
研磨度:
粉重:
筛粉器: 目数:
水质(TDS):   ppm
水质(pH值):
水温:
粉水比:

动作	步骤	上壶扶正	水粉接触	浸渍	撤火	水粉分离
	时间					
	温度					
	搅拌①					

萃取	总时长: 萃取浓度 TDS: 萃取率:

萃取目标:

评测
(左图用标示出各项得分,右侧为各项文字说明)

香气、风味、酸质、甜度、体脂感、平衡性、余韵、干净度

香气:
风味:
余韵:
酸质:
醇厚感:
平衡感:
整体印象:

原因分析:

改进计划:

---

① 搅拌这一行在动作区间下标明搅拌次数和搅拌时间。

浸泡式萃取记录表

时间：_____　　　　温度：____℃　　　　湿度：____%　　　　咖啡师：_____

咖啡信息	材料设备信息
国家：_____	滤器型号及材质：
产地：_____	磨豆机：
庄园：_____	研磨度：
豆种：_____	粉重：
处理法：_____	筛粉器：　　　　目数：
烘焙日期：_____	水质（TDS）：　　ppm
储存容器：_____	水质（pH 值）：
烘焙后第_____天	水温：
烘焙度：_____	粉水比：
Agtron 豆（豆）：_____#	
Agtron 粉（豆）：_____#	
烘焙师：_____	

动作	步骤	1	2	3	4	5
	时间					
	重量					
	温度					
	搅拌					

萃取	总时长： 萃取浓度 TDS： 萃取率：

萃取目标：

评测 （左图用标示 出各项得分， 右侧为各项文 字说明）	香气 干净度　　10 9 8 7 6　　风味 余韵　　　　　　　酸质 平衡性　　　　　甜度 体脂感	香气： 风味： 余韵： 酸质： 醇厚感： 平衡感： 整体印象：

原因分析：	改进计划：

土耳其壶萃取记录表

时间:_____   温度:____℃   湿度:____%   咖啡师:_____

咖啡信息	材料设备信息
国家:_____	器具型号及材质:
产地:_____	热源:
庄园:_____	磨豆度:
豆种:_____	研磨度:
处理法:_____	粉重:
烘焙日期:_____	筛粉器:　　　　　　目数:
储存容器:_____	水质(TDS):　　　ppm
烘焙后第_____天	水质(pH值):
烘焙度:_____	水温:
Agtron 豆(豆):_____#	粉水比:
Agtron 粉(豆):_____#	
烘焙师:_____	

动作	步骤	1	2	3	4	5
	时间					
	重量					
	温度					

萃取	总时长: 萃取浓度 TDS①: 萃取率:

萃取目标:

评测 (左图用标示出各项得分,右侧为各项文字说明)	香气 干净度 风味 余韵 酸质 平衡性 甜度 体脂感	香气: 风味: 余韵: 酸质: 醇厚感: 平衡感: 整体印象:

原因分析:　　　　　　　　　　改进计划:

---

① 测试土耳其咖啡浓度时需要先过滤掉咖啡渣。

205

咖啡烘焙记录表

烘焙日期：_____ 环境温度：____℃ 湿度：____% 烘焙师：_____ 机型：_____

对比项	烘焙前	烘焙后	变化率/%
重量/g			
密度/(g/L)			
含水率/%			

国家：		
产区/庄园		
品种：		
处理法		

烘焙色值Agtron
豆表（B）#
豆粉（G）#
色差（Δ）#

时间	风温/℃	豆温/℃	升温速率 ROR /(℃/min)	火力/%	风压/Pa	转速
00:00						
00:30						
01:00						
01:30						
02:00						
02:30						
03:00						
03:30						
04:00						
04:30						
05:00						
05:30						
06:00						
06:30						
07:00						
07:30						
08:00						
08:30						
09:00						
09:30						
10:00						
10:30						
11:00						
11:30						
12:00						
12:30						
13:00						
13:30						
14:00						
14:30						
15:00						
15:30						
16:00						
16:30						

入豆温

时间	风温	豆温

回温点

时间	风温	豆温

黄点

时间	风温	豆温

一爆

时间	风温	豆温

二爆

时间	风温	豆温

发展	
发展率	%
发展温度	
TP-YE	ROR /(℃/min)
YE-FC	
FC-End	